肌肤告白
分时护肤指南

Skin advertising   Time sharing skin care guide

言安堂　著

天津出版传媒集团

天津科学技术出版社

图书在版编目（CIP）数据

肌肤告白 : 分时护肤指南 / 言安堂著. -- 天津 : 天津科学技术出版社，2022.4

ISBN 978-7-5576-9769-3

Ⅰ．①肌… Ⅱ．①言… Ⅲ．①皮肤－护理－指南 Ⅳ．①TS974.11-62

中国版本图书馆CIP数据核字（2021）第265150号

肌肤告白 : 分时护肤指南

JIFU GAOBAI : FENSHI HUFU ZHINAN

责任编辑：杜宇琪

出 版：	天津出版传媒集团
	天津科学技术出版社
地 址：	天津市西康路35号
邮 编：	300051
电 话：	（022）23332695
网 址：	www.tjkjcbs.com.cn
发 行：	新华书店经销
印 刷：	天宇万达印刷有限公司

开本 880×1230 1/32 印张 8 字数 130 000

2022年4月第1版第1次印刷

定价：49.80元

自言安堂成立以来，我们一直坚持为大家提供更科学的护肤方案。作为言安堂背后的男人，言安堂就像是我抚养长大的女儿，与她的成长一路相伴的，都是"糖精"们的支持和鼓励。现在，这个小女孩做出了新的尝试，要将这本书交与你们，我就像看着女儿上了高考考场一般，紧张又自豪，担心她却又相信她。这本书是言安堂的处女作，不仅是对过往知识的凝练，更是注入新思想的升华，希望你们能喜欢。

——言安堂 CEO 赵国庆

现在，大家获取护肤方法的途径更加便捷了，相对的，也更容易获取到片段的，错误的信息。因此，我们一直在构思，如何能够科学、高效、系统的帮助大家轻松护肤？

从昼夜节律角度出发的《肌肤告白：分时护肤指南》，就是一本可以我们躺在沙发上，伴着茶香和书香，随心翻阅的书籍。希望你能在这场与肌肤从早到晚的旅途中有所收获，旅途愉快。

——言安堂 合伙人 唐胜男

这本书从书店到各位读者的手中，只需要一分钟，而从构思到出版，我们花了近两年的时间。字斟句酌，努力将那些晦涩难懂的文献、数据用简单的方式讲述给你们。希望这一次，你们能在书中听到肌肤的告白，并将科学的护理思维、方法化为己用，真正从中受益。这样我们就会知道，原来我们所做的小小努力有被人看到；你也会发现，你学到的科学护理方法也默默为你在岁月面前撑起了保护伞。我们相信，所有努力，都不会被辜负。

——编撰作者 王丽、杨泽茹

本书用科学的方式，教大家认识配方，认识皮肤，认识自己。从昼夜节律生发出分时护理的概念，不仅观念新颖，还将科学与生活紧密结合，用理论指导护肤，深入浅出言简意赅，这样的科普怎么能不喜欢？当你对肌肤、毛发等护理有所困惑时，翻开本书，不会让你失望。

——言安堂评审团王蓓、胡晓莹、吴曾云、李淼、伍是临、楚文卉、杨虹

序　言

　　一直以来，我都从事着化妆品行业的前端工作——努力研发新的技术、做出好的产品并培养更多的行业人才以发展中国化妆品事业。但当一个呕心沥血的产品从研发走向市场，到了要面对消费者时，和我一样的众多研发人员却犯了难——并不是产品不够好，而是我们很难将优质产品的每一个优点，都面面俱到地用通俗的语言展示出来。幸而遇见了言安堂。言安堂一直秉持着让每一个变美的方法都有迹可循，与每一个追求美丽的灵魂共同成长的理念，将化妆品的神秘面纱揭开，让更多的人了解其背后的科学，了解产品背后我们研发人员所做出的努力。所以，当言安堂做出这样一本全面的科普书籍时，我欣然提笔为之作序。

　　好像在很长一段时间里，"岁月催人老"的语句让大家都惧怕时间，但我们的身体基因，是顺应时间、顺应昼夜节律的。言安堂让我们在这本书里，重新认识时间，与时间握手言和。书中将"昼夜节律"理论与护肤结合，系统讲述了皮肤顺应时间变化所做出的变化，并针对可能出现的肌肤问题给出了详尽的"分时护理方案"。比如，在《加强防护——延缓衰老第一步》中指出，皮肤在白天开启防御模式，言安堂提出护肤策略也应如此，用抗氧化、抗糖化等手段加强皮肤防御能力。

此外，书中一直强调：挑选产品要从自身出发，适合自己的才是最好的。这也并不是一纸空谈，书中附有肤质＆发质测试，能让读者在挑选产品时，先深入地了解自己，再根据自己的肌肤状态和需求科学地选择产品。这一点是很重要的，都说"一千个人心中有一千个哈姆雷特"，放在产品身上也是一样的道理。"甲之蜜糖，乙之砒霜"，搞清楚"我是什么肤质"和"我有什么需求"是"我适合哪个产品"的前提。

　　整本书中包含了"皮肤的结构""毛发的结构""皮肤微生态"等众多与皮肤相关的知识，以通俗易懂的方式传递出来，并结合具体问题进行分析，作为选择产品的理论依据。整个思路就是——以科学理论为支撑，并应用在生活中，这也是我们化妆品从业人员一直以来在做的事——将理论转化为成品，让科技进步的成果进入大众视野，并得到应用。这不仅仅是护肤科普道路的制胜法宝，也是中国化妆品未来蓬勃发展的不二法门。

　　最后，希望每一个追求美丽的人都能了解皮肤、了解自己、了解理论、了解产品，用科学的方式战胜对时间的惧怕，与时间握手言和。

Tian Xiang Wang

≪ 目录
CONTENTS

晨间保湿，适合自己才是王道

加强防护——延缓衰老第一步

拒绝毛糙脱发，寸寸青丝皆为美

睡美容觉也有科学依据

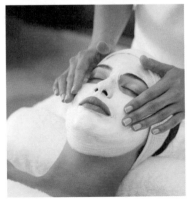

前 言

谁在雕塑我们的容颜？

——刻在基因里的生物钟

不可忽视的基因

为什么当年爸妈名列校草校花，而我却没能靠美貌出道？别着急，我们来细细解析基因的秘密。

基因决定了我们自身的独特性。不仅我们的肤色、发色、瞳孔颜色等许多特征都来自父母的遗传，基因也决定了我们的肌肤发展的许多大趋势。例如：是否容易长痤疮？是否容易产生色素沉积？甚至我们衰老的模式都与我们的父母相似。

但是，基因仅能书写一半的肌肤外貌，另一半来源于我们的生活历程。生活历程包括：我们所经历的环境（外部的环境如空气质量、日照、水分、气候，内部的环境如压力、激素水平）、我们的生活方式（饮食、起居、护肤、疾病、不良习惯）。这些生活历程都会直接或者间接地影响我们的基因表达方式。

护肤品科学的前端研发，已经开始修饰某些基因的表达。不是改变基因本身，而是干预基因的转录和翻译过程：基因表达。研究得比较多的，比如说：胶原蛋白的编码基因 COL 家族的表达，黑色素细胞发展的关键转录因子 MITF，与肌肤衰老与抗氧化能力息息相关的基因 P16、SIRTUIN 等等。

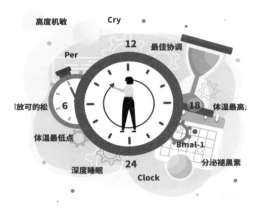

图　人体生物钟

功能
强大的生物钟

古往今来，人们一直遵循着"日出而作，日落而息"的作息时间，并习以为常。直到三位美国科学家（佛罗里达州的 Michael W. Young、纽约的 Jeffrey C.Hall、波士顿的 Michael Rosbash）发现了生物节律调节的分子机制，揭示了人类生物钟的秘密：生物钟是刻在基因里的。通俗点讲：这三位科学家，其实讲了一个大家多少意识到的道理——日出而作日落而息，是基因决定的。不熬夜的人，才是正常人。

生物钟 (Biological Clock)，又叫昼夜节律 (Circadian Rhythm)，指在大约 24 小时内生物活动的一种波动规律，它受昼夜周期的调节，控制我们的主要生理行为，比如：体温、体内激素、食欲、睡眠……但并不是所有的活动都只有一个周期，还可能以一种一致的、有规律的模式在周期内上下波动。

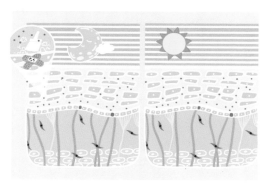

图　皮肤日间防御晚间修复

我们常说的生物钟基因有 4 个——Bmal-1、Clock、Per、Cry，通过自身表达的昼夜节律性，控制着身体的昼夜节律。根据研究：40% 的编码蛋白质的基因是受到生物节律调节的。可以理解为：生物钟属于上游调控型的基因，可以调控其余一大把重要基因的表达，有点四两拨千斤、牵一发而动全身的意思。

生物钟可以接收昼夜变化、褪黑素、身体活动以及每天定时吃饭的习惯等给出的信号，指导大脑与身体内部脏器的休息与工作，同时也指导我们的外部脏器——皮肤的昼夜工作休息：白天防御、夜晚修复。四个基因在皮肤中精确分工：Per 和 Cry 负责白天模式，它们启动以让皮肤做好日间的防御工作，Bmal-1 和 Clock 负责夜晚模式，它们启动以让皮肤晚上好好修复。

这四个基因使肌肤具有以下特点▼

 日 间

◆ "防御" 功能达到最大化，特别是对紫外线的
防御。

◆皮肤水通道 AQP 大量表达，皮肤内部的水分
流动增强。

 晚 间

◆ "清除垃圾" 能力增强，集中清除皮肤累积
的氧化物等垃圾。抗自由基酶合成效率达到顶峰。

◆ "修护"能力增强，表皮把精力集中到再生
白天受损的细胞上。

◆ 皮肤水通道 AQP 表达受到限制，皮肤内部的
水分流动减弱。

与生同行的节奏
——生物钟的"乱"与"治"

　　昼夜节律并不是一成不变的，许多生活习惯会导致我们生物钟紊乱，对于哺乳动物来说，发达的大脑承担更多的认知和指导工作，当生物钟紊乱后，机体生物钟一统性脱离太阳起落的原始设置，会使人更混乱。

　　身体很疲惫却睡不着→晚上睡不着，早上睡不醒→睡很多却依然很疲惫。

　　同样，皮肤的生物钟也会受到多种因素的干扰，加速皮肤衰老进程。

紊乱
生活 ——肌肤老化的隐形杀手

时间紊乱的生活方式

熬夜、时差等长期的不良睡眠习惯会加剧皮肤的衰老，比如细纹和老年斑。

过长的光照暴露时间

最新研究表明，生活当中的蓝光（譬如手机、电脑屏幕的蓝光）对皮肤有一定影响，且蓝光照射多了对睡眠也有影响，睡眠不好，皮肤也会变差。

长期的慢性压力

长期的慢性压力会对皮肤产生永久性损伤，比如"提前老化"，徒然浪费父母给的好基因。

举个例子，如果晚上皮肤没有处于好的"夜间修护"状态，那么就很难从一整天的内外伤害中修护回来。再加上如果夜间持续给予皮肤压力，如电子屏照射、紧张的心情、高油高糖刺激性食物等，那么皮肤累积的压力（氧化压力等）就无法修护，很容易崩溃。黑眼圈、浮肿暗沉、痘痘，是熬夜后比较常见的皮肤表现。

如果长期处于这种状态，很容易加速皮肤衰老。

不过，每一个细胞都有自己的基因，伤害也是定点的。比如说假如鼻子晒太多太阳，鼻子皮肤的细胞就会因为 DNA 伤害而有产生改变的可能。身体其他部分没受到阳光洗礼，则不太容易出现过多的细胞基因上的损伤。

再举个例子，当你长期熬夜的时候，不仅会让皮肤细胞的生物钟紊乱，也会让身体其他部分的生物钟紊乱起来。护肤品能帮助你解决皮肤的问题；但其余部分，则需要你通过日常生活或者药物调节回来。

重建
秩序 ——让皮肤回归健康

作息规律

在有着长日和长夜的北欧，有一种光照疗法，通过人为的LED 光（无紫外线波段）照射，帮助人体恢复正常的生物节律。当然，良好的作息与睡眠是最简单且最有效的方式。

合理护肤

生物节律与光照有关，然而人体感知光照最直接的器官就是眼睛和皮肤，所以通过使用护肤品来调节生物节律并非无证可循。通过皮肤涂抹的方式，调节皮肤细胞的生物钟基因表达，从原料技术上讲，在细胞层面上是不难达到的。说起来很玄幻，但运用起来并不难，一些改善基因表达和修护 DNA 的原料，只要被吸收在皮肤的表层，比如说表皮层，就可以起到作用了。

诚然，自 2017 年"诺贝尔生理学或医学奖"颁发给发现控制昼夜节律的分子机制的三位科学家后，各大品牌蜂拥而上，开发各种与昼夜节律相关的产品，"昼夜节律"概念的产品走入了大众的视野。但昼夜节律到底应该如何指导我们护肤？

掌握
"日夜"节奏 ——分时护理

既然细胞顺应着昼夜节律基因的调控，那么我们自身也可以遵循昼夜节律，根据其特点进行护理。

许多研究都同时指出：皮肤的"清除垃圾"机制受到生物钟调节，在夜间更加高效。

这里的"清除垃圾"不是指大家经常听到的"排毒"，而是指两个在夜间时段高度表达的生物钟基因 Bmal-1 和 Clock 表达量升高时，掌管皮肤"清除垃圾"的 Nrf2 蛋白的合成也高度活跃起来，参与产生各种抗氧化酶去清除掉积累的 ROS 自由基。

同时，也有科学家发现，皮肤内水通道蛋白（掌管水分在皮肤内部的流动补给）的开合，也受到生物钟的调节，一般白天打开，晚上关闭。

这样我们就可以根据昼夜肌肤的特点，采取有针对性的措施。

◈ **温和洁面**

一般清水洗脸＋毛巾擦干即可，特别油的皮肤也可以偶尔使用温和洁面产品。

◈ **科学保湿**

如果说夜间皮肤最需要的是补水，那么早上最需要的就是保湿。因为白天身体一直有水摄入（喝足够的水），护肤品要做的是减少经表皮的水分散失。这个时候，可以用最基础的甘油和角鲨烷，或者增强版的含神经酰胺的产品来加强肌肤屏障。

◈ **加强防护**

防晒是加强防护力的重要手段，这一步不要省；一些作用于 Per、Cry 基因或是加强朗格汉斯细胞防御能力的产品在白天使用更高效。

晚间护肤要点

◈ 卸除负担

　　彻底清洁油性彩妆、防晒。一定不要带妆睡觉！

◈ 清除"垃圾"

　　早睡＋使用抗氧化类产品。

◈ 加强修护

　　早睡＋增强肌肤屏障，例如视黄醇加强表皮再生、积雪草苷加强舒缓，还有游离脂肪酸、胆固醇、神经酰胺等都是适合修护的成分。

　　如果要通宵，那么请做好密集护理，除了做好抗氧化、修护、保湿之外，还要加强舒缓。不然肌肤的微炎症容易因为熬夜而爆发成严重的炎症，比如说痘痘、敏感。能加强舒缓的成分有积雪草、洋甘菊以及各种天然活性物。

　　总而言之，"听爸妈的话"不仅展现在日常中，还体现在按基因昼夜节律进行护理，日间通过正确的洁面、保湿、防晒尽可能放大"防御"的特点，夜间则需要给皮肤卸除负担、增强修护能力。这样才算不辜负父母的好基因呀。

早安

晨光熹微，睁开惺忪的睡眼，拉开窗帘，
感慨生活美好时光易逝的同时，我们也要准备
迎接新一天的挑战。"每天起床第一句，先给自
己打个气"，生活的挑战向来五味杂陈，与之
斡旋之前，需要充足的力量，而对于应对环境
挑战的皮肤来说，也是如此。在一晚上的休整
之后，我们的皮肤也需要重整旗鼓，践行清洁、
保湿、防晒的箴言，为更好地发挥屏障功能助力。

早起洗白白？
一切可没那么简单

　　为什么兢兢业业护理皮肤还是会出问题？为什么用着天价精华，泛红敏感依旧找上门？在回答这些问题之前，先思考一下护肤的基本是什么。相信许多人会脱口而出：清洁、保湿、防晒。对我们的肌肤而言，清洁是基础中的基础。

了解我们的皮肤
——刻在基因里的生物钟

皮肤总表面积可达 1.6 ~ 1.8m^2，是身体的最大器官，也是保护身体的第一道防线。脸部皮肤的表面积约为 630 ~ 850cm^2，一张 A4 纸的表面积也不过 625cm^2，所以我们虽然没有 A4 身材，但拥有一张 A4 脸。

功能：
保护身体的第一道防线

很早以前，人们甚至是医生都认为皮肤角质层是没有生命的，只不过是挡在身体与外界恶劣环境（细菌和微小颗粒物等）之间的一层细胞尸体罢了。然而实际上，皮肤整体上宛如一个火力全开的工厂，从最下层的皮下脂肪到最上层的角质层，无时无刻不在努力工作来保护我们的身体。同时它还承担多种角色：调节体温（排汗）、生产维生素 D、感受外界的刺激等等。

此外，皮肤还要传情达意——如果皮肤不好，往往我们会不想出门——好皮肤潜在地向朋友们传达我健康、我年轻、我快乐等信息。

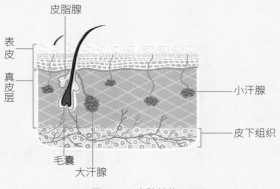

图 1—1　皮肤结构

皮脂腺

表皮

真皮层

小汗腺

皮下组织

毛囊

大汗腺

（表皮层）

一般清水洗脸＋毛巾擦干即可，特别油的皮肤也可以偶尔使用温和洁面产品。

（真皮层）

不规则致密结缔组织，由纤维、基质和细胞组成，是皮肤很多重要的附属功能结构所在。

（皮下组织）

由疏松结缔组织及脂肪小叶组成，起着支撑皮肤与能量供给的重要作用。

肤质：
干皮还是油皮？

尽管皮肤的结构和功能是一样的，但每个人都是独立的，皮肤表现也不尽相同，不由想到一个问题：自己的皮肤是油皮？是干皮？还是混合型皮肤？如果不是混合皮，那么就是非油即干？

油皮和干皮是一个硬币的两面么，不容易出油的皮肤就容易干燥么？这就要谈到我们皮肤的含水量以及油脂的分泌。

皮肤的"水"

人离不开水，同样皮肤也离不开水，真皮层的含水量可达70～80%，可运输到皮肤各个部位用以维持正常的生理功能。健康的皮肤有着锁水的能力，表皮层就是提供这样功能的一个存在，表皮层最重要的任务便是形成一层坚固的隔水层，让皮肤内部的水分出不去，让外面的有害物质进不来。

一般而言，真皮层水分含量比较稳定，我们感觉皮肤干燥一般是指角质层缺水。通常干性肌肤的角质层含水量相对低一些。

角质层的含水量受外界因素影响较大，外界的温度、湿度都会对角质层含水量造成影响，例如，秋冬季节或是夏天空调房，环境相对干燥，角质层含水量就会下降，我们会感到皮肤干燥、屏障功能被削弱，从而引发一系列问题，因此在外界环境干燥的情况下，我们要做好保湿。

另一种容易导致角质层含水量变化的因素是我们的护肤行为，过度清洁或使用刺激性产品，都会导致屏障受损，从而使得皮肤水分流失加快，干燥、瘙痒等肌肤问题接踵而来。

皮肤的"油"

说完"水"，我们再来看看"油"。说到油，这里涉及一个很重要但是经常被忽略的知识：皮脂腺分泌的油脂（Sebum）与表皮细胞间脂质（Epidermal Lipids）是两种不同的油脂。

皮脂由皮脂腺分泌，通过毛孔通道慢慢地浸润到皮肤表面，形成皮脂膜。油皮的皮脂腺分泌皮脂量相对高一些。

大家对皮脂的印象并不好，可能和皮脂分泌过多会直接或间接引发毛孔粗大、黑头、痤疮、影响外观有关系。其实，皮脂和水一样，对皮肤也是不可缺少的。皮脂可以减少皮肤水分流失，保持皮肤滋润，输送脂溶性抗氧化物质。缺乏皮脂的保护，皮肤的含水量会受到影响，依然会引起干燥等肌肤问题。皮脂分泌过多，可以适当采取不伤屏障的控油措施。

表 1-1　皮肤油脂及脂质差异 ▾

	皮脂腺分泌的油脂 [Sebum]	表皮脂质 [Epidermal Lipids] 又叫细胞间脂质
组成	主要含约 57.5% 甘油三酯、26.0% 蜡质、12.0% 角鲨烯、3.0% 胆固醇	主要含 50% 神经酰胺，25% 胆固醇，15% 脂肪酸
特点	流动性很强	流动性弱，在表皮中相对固态
功能	主要起到保护功能：将脂溶性的抗氧化物质送至皮肤表面	主要起到屏障功能：是皮肤屏障砖块水泥结构中的"水泥"
对皮肤影响	不可或缺，但过多会影响美观并致痘	不可或缺的肌肤屏障成分，可多不可少
关键点总结	油皮也不全是缺点，Sebum 是身体角鲨烯来源，帮助皮肤抗氧化，"油皮扛老"也是有理由的	屏障皮脂膜最重要脂质是：神经酰胺强力洁面产品深层清洁后会损失，要及时补充

记住，油皮属性和季节、温度、饮食、心情、激素都有关系，和清洁程度却没有关系。清洁只需洗去多余"皮脂"就好，过度清洁只会洗掉保湿所需要的"表皮脂质"。

酸碱：
皮肤的 pH 值

早在 1892 年，德国皮肤医生就指出，成年人的健康皮肤是偏酸性的，角质层的平均 pH 大约在 5.4 左右，具体的数值会因人而异，新生儿皮肤的 pH 较高，在 6.6 左右，接近中性，但在大约一个月内就会变成酸性。而老年人的皮肤会随着年龄升高而逐渐偏向中性。

表 1-2　不同身体部位皮肤 PH 值▾

身体部位	表面 pH
面部（前额）	4.5~5.6
前臂	4.2~4.5
下臂	5.4~5.9

身体不同部位皮肤的 pH 不同，男性和女性皮肤的 pH 也有一定的差异，多数的调查结果显示，男性的皮肤比女性的皮肤更偏酸性一点，当然这种差别不能用所谓"酸碱体质"这类的伪科学来解释，正常人体血液的 pH 全都是接近中性的（7.3 ～ 7.5），这个数值一旦不在此范围内，可就要有大问题了。

皮肤表面之所以会是酸性的，首先是因为一些天然保湿因子本身就有一定的酸性，再加上皮肤表面那些把我们多余皮脂和皮屑当作美餐的益生菌菌群，代谢后的环境也是酸性的。

弱酸性

　　即使皮肤的自我调节能力很强，人为将皮肤的 pH 变成中性或弱碱性也会对皮肤带来伤害。值得注意的是，同样的皮肤样品，接触酸性物质的恢复时间，会比接触碱性物质的恢复时间短一点。

　　至于皮肤与碱性物质的接触条件，主要是长期、频繁使用香皂或是皂基洗面奶，而这容易让肌肤处于不健康的弱碱性状态。注意这里强调的"长期、频繁"，皂基并不是什么地狱恶魔，只是使用过于频繁，使皮肤 pH 还未调节至正常水平，就再次接触碱性物质，这对于正常的细胞间脂质和皮肤表面的益生菌都是不利的。

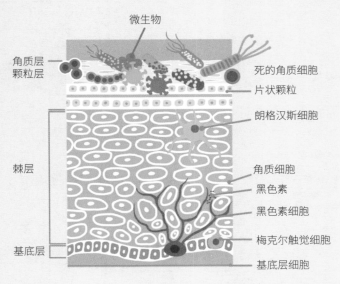

图 1—2

科学洁面

——一切以皮肤为准

通过昼夜节律理论，我们已经明白：白天皮肤的防御功能达到最大化，内部水分流动增强。那如何保持防御功能，让皮肤水分不乱跑呢？

面部
清洁原则

清洁的大原则：在能够洗去污垢的前提下，尽量减少对皮肤的伤害。

清洁其实是避免粘附在皮肤表面的一些污垢长期停留在表面的方法。而清晨起来，脸上最多的不过是昨夜的护肤品、皮肤本身的汗液和油脂。因此，晨间清洁一般温水清洗或者温和洁面产品清洗即可。

但是，当季节发生改变时，皮肤的状态也会随之改变，清洁方式也应适当做出调整。

表 1-3　简单的晨间清洁方案 ▼

肤质	夏季	春秋季	冬季
干性	温水清洗	温水清洗	温水清洗
中性	没有出油或少量出油：温水清洗 出油较多：温和洁面产品清洗	温水清洗	温水清洗
油性	出油较多：温和洁面产品清洗	没有出油或少量出油：温水清洗 出油较多：温和洁面产品清洗	温水清洗

面部
清洁方式

清洗双手

　　双手掌心相对，四指并拢互相揉搓，可用洗手液辅助。

　　手背、指缝和每一根手指，都要清洗到。

清洗面部

　　双手洗净后，让我们开始清洁面部。

　　洁面用的水温度不宜过高，也不宜过低。

　　双手汲取清水轻拭面部每一寸肌肤，然后用干燥洁净面巾轻压面部擦干水分。

　　洁面产品清洗：将双手稍稍沾湿，用掬水的方式让面部湿润。取适量洁面产品于手掌心内，双手来回搓匀，轻柔上脸。从额头开始，轻轻地画圈清洁。再用清水清除面部残留物，最后用干燥的洁净面巾轻压面部擦干水分即可。

晨间
洁面产品如何挑选?

对于晨间洁面,并不是任何人、任何时间都需要洁面产品的,清水能洗干净的就不劳洁面产品出场了。

而那些需要洁面产品的人,应该关注哪些方面呢?

是否洗得干净

清洁力是对一个洁面产品最本质的诉求,过强过弱都不合适,要结合自己的皮肤状态加以挑选。

是否刺激

近年来氨基酸洗面奶的火爆,就是因为刺激性相对较弱,在清洁力和温和度上达到了平衡,这对于敏感肌来说非常重要。

体验感(泡沫、香味)

人类永远会有更高的追求,比如洗脸的时候要看泡沫是否绵密、气味是否清新等使用体验。

至于其他的方面,都不是清洁产品的强项,比如宣称添加抗衰老活性物,再厉害的牌子,也做不到让人边洗脸边抗老,我们不应该将不必要的期望寄托于洁面产品。

晨起沐浴洗头，
也要"张弛有度"

　　早晨起床后，除了基础的面部清洁外，许多人也会有沐浴洗头的习惯，以此来开启新的一天。杜牧曾在《阿房宫赋》中对晨间梳洗有段绝美的描写："明星荧荧，开妆镜也；绿云扰扰，梳晓鬟也；渭流涨腻，弃脂水也；烟斜雾横，焚椒兰也。"浴室是人们全身心放松之所，让我们在这里更清晰地认识自己的身体吧。

图1—3

身体
也要温和对待

　　从前文我们已经知道皮肤是人体最大的器官，相较于面部肌肤，身体肌肤厚度更大，对于外界的刺激会更耐受一些，但也随着时间、季节的改变而变化。比如冬季，随着温度和湿度的急剧变化，皮肤上的皮脂和保湿因子大幅减少，皮肤锁水能力下降，干纹和瘙痒开始出现，皮肤的抗干扰能力也会下降。

　　身体的皮肤也和面部一样，要把握清洁的度。使用清洁产品会在一定程度上造成角质层的保水能力减弱，导致经皮水分散失量的增加，使皮肤干燥。于是恶性循环开始，失水的量越多，各种生理化学反应越是会出问题；而越是出问题，屏障功能越差，就造成更多的水分流失。

科学
晨间沐浴

沐浴这件事看似稀松平常，但面对这个最大的身体器官，我们可不能随意对待！

次数不宜频繁

若清晨没有因户外运动造成大量出汗，可选择不洗澡。

水温调节适当

水温过高或过低洗澡都不提倡，皮肤专家建议水温接近皮肤温度为佳，体感比较舒适。

时长不宜过长

时间过长会加速皮肤水分的经皮流失，加剧皮肤的干燥。年纪大的人，因为皮肤新陈代谢能力和锁水能力的降低，这种情况会更严重。

不可过度使用清洁产品

若因为运动等原因，一天要沐浴两次（或以上），则可酌情选择不使用清洁产品，仅用清水冲洗，并且缩短每次沐浴的时间。

控制搓澡的频率和力度

如果是一两天洗一次澡，水和清洁产品就可以轻松地把老废角质带走，这种情况下完全没必要搓澡；如果从心理上认为一定要搓澡，则尽量避免使用过于粗糙的毛巾等工具，并在洗澡前涂抹润肤油，保护皮肤屏障。

发丝
也有"保护罩"

　　头发从外到内的各层分别叫作毛鳞片（cuticle）、毛皮质（cortex）和毛髓质（medulla）。

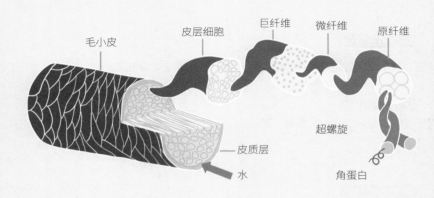

图1—4　头发结构

　　我们把头发的结构想象成金针菇培根卷。外层的培根（毛小皮，俗称毛鳞片）保护着内层的金针菇（毛皮质）。金针菇被紧紧地拧成一股麻花，如果外层培根剥落，内部金针菇就会散开，头发分叉也是这个道理。因此，护理好毛小皮能让头发光泽度增加，健康的毛皮质能让头发保持完美的弹性和曲度。

　　洗头这么稀松平常的小事，不同的人也有不同的方法与偏好，像是早上洗头还是晚上洗头？洗发时梳不梳头发？洗发水用之前要不要先在手上打泡泡？让我们来一起探寻这些问题的正确答案。

科学
晨间洗发

早上还是晚上洗发其实没有什么区别，主要看个人习惯与需求，若是早上有运动导致大量出汗，或是有造型需求，就可以选择在早上洗头发，但要注意，清洗不要过于频繁。

洗发前

对于长发，洗发前用宽齿梳或者气垫梳疏通头发。

洗发时

洗发过程要轻柔，可以用起泡网或手打出泡泡再抹在头发上，减少局部接触高浓度表面活性剂的风险。

头发打湿后也不要用梳子梳头发，因为头发结构中不同层的吸水能力不一样，这时毛鳞片是微微翘起的，如果拿梳子去梳头发会造成毛鳞片的损伤。

洗发后

洗完头发后用吸水性好的毛巾将头发上的水分吸干，不要用力揉搓擦拭。

电吹风建议选择有负离子的，温度也不宜过高。一般来说吹干头皮，让头发其他部分自然晾干比较好。如果要吹头发做造型，最好用吹风机顺着头发的方向吹，这样能在最大程度上保护毛鳞片。

洗发水的选择

对于受损发质选择含有角蛋白和调理剂的洗发水，

能起到修复的作用。

　　对于健康发质可以根据需要选择有中度调理性的洗发水。

　　对于易出油的发质，建议选择低调理性的无硅油洗发水，减少硅油和油脂在头发上的沉积。

强健头皮，
告别油腻和头屑

晨起洗头，有时候不一定是因为个人习惯，而是被头发油腻、头屑这些小问题困扰。或者头发油腻得像是刚做了油头的造型，或者头发则干枯分叉、毫无章法地肆意卷翘，或者头屑纷飞如雪花在飘，为了以柔顺靓丽的秀发示人，于是生出洗头的想法。

在洗头之前，我们先了解一下，头发为什么会油腻？又为什么会干枯分叉？各种头皮问题为什么层出不穷？了解这些，针对性采取措施，远比早起洗头更重要。

油腻：
头皮也会分泌皮脂

油腻腻的头发贴着头皮的感觉，就像戴着一顶不透气的帽子。

头皮也是皮肤，跟脸上的皮肤一样都需要进行护理。而且，头皮可能出现的问题也不少，比如敏感、头屑、头油、干燥、脱发等等。

而头发油腻就跟脸上出油是相似的。头皮里也有皮脂腺，它会不断地分泌皮脂。正常情况下，皮脂腺分泌的油脂可以维护头皮的屏障。通过摩擦、梳理，油脂会均匀分布在发丝表面，起到保护毛鳞片、使得发丝柔亮的效果，作用非常强大。

与面部皮肤不同的是：头皮的皮脂腺和毛囊的数目远高于面部皮肤，皮脂腺会分泌大量的油脂，还有多种微生物居住（定植），可以说是自成一个生态体系。在这个独特的生态体系里，这些分泌的油脂会被头皮上的土著（微生物如马拉色菌）分解掉。

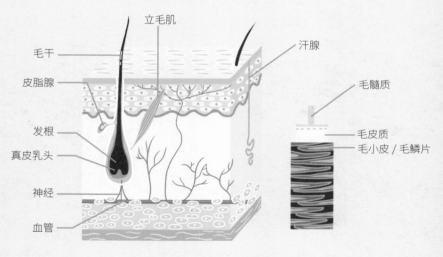

立毛肌
汗腺
毛干
皮脂腺
毛髓质
发根
毛皮质
毛小皮／毛鳞片
真皮乳头
神经
血管

图 1—5　头皮结构

俗话总说，恰到好处的美人是增一分太肥、减一分太瘦。这句话也适用于头皮。假如分泌的油脂过多，就可能会影响局部菌群稳态。出现头油甚至脂溢性皮炎和脱发。假如过少，则发质干枯，没有光泽。可以说，油脂的多少是把双刃剑。如何平衡油脂的量，让头发光泽，清爽不油腻，是我们的终极目标。

如何
科学控油？

要想清爽不油腻，可以在洗护产品上下功夫。

市面上有些洗发产品会添加硅油起到顺滑发丝的作用，而硅油沉积在发丝上，会使得发丝易贴在头皮上，但如果是干性受损发质，则推荐使用含硅油和调理剂的产品。

所以，对于油头的小伙伴来说，不要选择调理性太强的洗护产品。避免其过多沉积在发丝上，导致头发不蓬松。

控油洗发水如何挑选？

①头皮较敏感的人，应选用温和、低刺激性的洗发水，保护头皮屏障的健康。选择添加温和表面活性剂（氨基酸表活、葡糖苷、甜菜碱）的洗发产品。去除头皮和发丝的油脂和污垢的同时，还可以降低对头皮屏障的刺激。

②丰盈的洗护发产品通常也会添加聚合物成分，使得头发蓬松。

③针对非敏感的油性头皮，还可以选择尝试含酸洗发水。例如水杨酸、果酸、辛酰甘氨酸等，具有一定程度的疏通毛囊、提高细胞代谢分化、抗炎抑菌的作用。

④ 一些植物提取物以及发酵产物可能也具有潜在的控油功效（其实很多也往往含有酸类物质），此外这类提取物 / 发酵产物中的多种功效成分可能具有舒缓、抑菌等多种功能，起到调理头皮的作用。

相信大家都有偷懒不想洗头的时候，或是着急出门但头发又很油腻，这时可以让免洗喷雾来帮忙，让你的头发看起来不那么油腻。

表 1-4 免洗喷雾的主要成分 ▼

控油成分（清洁工）	稻米淀粉等
头发调理剂或成膜剂（美妆师）	小分子硅油，二硬脂基二甲基氯化铵，VP/VA 共聚物等在发丝上形成保护膜，从而增加蓬松感和顺滑度
推动剂（搬运工）	烷烃类（丙烷，丁烷，异戊烷等）
溶剂	乙醇

除此之外，大多数产品还添加防腐剂、抗静电剂、香精以及保湿剂等。

它们工作时各司其职，搬运工（烷烃类）将清洁工（控油成分）和美妆师（调理剂）均匀地喷到发丝上。工作结束后，就融入到空气中，消失不见。清洁工疯狂地把发丝和头皮上的油脂吸走，使得干洗后的发丝和头皮焕然一新。美妆师（调理成分）给发丝穿上礼服（成膜剂），每根发丝都可以翩翩起舞了。最后，用手抖掉清洁工们，发丝蓬松的效果就出现了。

头屑：
"雪花飘飘"的难题

[注意]

喷雾型产品使用的推动剂烷烃类，液态有低毒性。喷出来虽是气态，但极易挥发，不要对着喷雾吸气。

当代青年真是太不容易了，除了自己"作"来的分叉，还有头屑头痒诸多问题，尤其到了冬天，雪(头)花（屑）纷飞，真的是雪上加霜。想要去屑，先要了解头屑是如何形成的。

头屑的形成

头屑是头皮表层的角质细胞正常代谢、剥落形成的，一般为薄片状。正常的头屑很细小，通常大家不会注意到。但是当头皮出现炎症，细胞更新速度更快、角质细胞向表皮转移加快、角质层黏着力降低时，就会产生大块的、白色的头屑。

虽然有许多人受到头屑困扰，但是对于头屑的成因和应对措施，研究学者们仍然在不懈努力着。目前的研究表明，头屑的形成受很多因素的影响，如荷尔蒙、饮食、压力、天气、疾病和微生物（马拉色菌）等。

如何
科学去屑?

根据目前的研究，应对头屑有三个策略：控油、杀菌、屏障修复。另外，关注去屑成分，可以从入门级的水杨酸、氯咪巴唑开始，进阶到吡罗克酮乙醇胺盐，更高级的还有：硫化硒、吡硫鎓锌，当然还有杀手锏 OTC 药品酮康唑。

图 1—6

　　有些人在使用去屑洗发水后仍然有头皮发痒、紧绷、发红等症状，或是脂溢性皮炎这类较为严重的问题，盲人摸象般地再多试用产品，也不如面诊医生来的靠谱。

　　美丽的秀发不是一蹴而就，只要注重日常护理，减少不必要的折腾，拥有蓬松、光泽秀发的人就是你。强健头皮。

晨间保湿，
适合自己才是王道

日间肌肤特点："防御"功能达到最大化，特别是对紫外线的防御。皮肤水通道 AQP 大量开启，皮肤内部的水分流动增强。

清洁过后，本着日间皮肤水通道 AQP 大量开启，补水保湿步骤不能省的理念，精致的"猪猪男孩女孩"们开始了兢兢业业的护肤过程。经过多年来各大品牌的理念灌输，许多人都觉得用全水、乳、霜、精华油，甚至有的时候还要来片面膜才算做好补水保湿工作，真的是这样吗？

保湿产品的分类和成分

首先要了解一点，我们说的水、乳、膏霜、油都是化妆品的剂型。剂型是化妆品分类的一种常用依据，化妆品还有其他分类方法，比如按功能分（特殊用途化妆品和普通用途化妆品）、按使用部位分（肤用化妆品、发用化妆品、口腔用化妆品）等；而水、乳、膏霜、油也并不就是化妆品的所有剂型，还有诸如粉、凝胶等剂型。

从配方角度来说，不谈其他活性添加物，就结构基础来讲，配方的基础便是水、保湿剂、防腐剂，爽肤水或是化妆水则是在基础上少加一些增稠剂或者不加，乳液则是再添加部分油相及乳化剂，并均质乳化；而膏霜则是将油相、增稠剂再增加的结果；至于油剂则基本为油相。

根据自己的肤质类型和保湿需求选择其中的一到两种，没必要把所有剂型都糊在脸上。

常见
保湿成分

不同剂型归根结底还是由不同成分决定的，我们选择化妆品，除了要学会分剂型，还需要了解一下成分，这样挑选产品才会事半功倍。

按照 NMPA（国家药品监督管理局）化妆品科普，化妆品中的保湿成分主要有以下几类。

油脂类成分

在皮肤表面形成油脂膜，润泽肌肤的同时防止角质层水分蒸发，起到封闭保湿的作用，保湿力度较强。

代表性原料：凡士林、橄榄油、杏仁油等。

吸湿性成分

多为小分子的醇类、酸类、胺类等有机化合物，从周围环境吸收水分，提高皮肤角质层的含水量。单独使用时只适合于相对湿度高的季节及南方地区，不适合北方干燥的冬季，但可通过配合油脂类保湿剂加以解决。

代表性原料：甘油、氨基酸、吡咯烷酮羧酸钠、乳酸和乳酸盐等。

亲水性成分

亲水性的高分子化合物，加水溶胀后能够形成空间网状结构，将游离水结合在网内，使自由水变成结合水而使水分不易蒸发散失，起到锁水保湿的作用。它是一类比较高级的保湿成分，使用范围广，适用于各类肤质、各种气候条件。

代表性原料：透明质酸（也称为玻尿酸）、硫酸软骨素等。

(修复性成分)

具有修复角质层作用的物质，提高角质层的屏障功能，降低经皮失水量，而达到保湿作用。

代表性原料：神经酰胺、维生素 E 等。

表 2-1 各种肤质在不同环境下的保湿成分选择 ▼

	干燥	湿润
干性敏感	修复性＋油脂类	修复性＋吸湿性
干性耐受	亲水性＋油脂类	亲水性＋吸湿性
油性敏感	修复性＋亲水性	修复性＋吸湿性
油性耐受	亲水性	吸湿性

如何挑选保湿产品？

从上文我们已经知道，不同保湿成分，保湿原理不同，保湿力度也不同，选择保湿产品可以参考保湿成分，但是保湿产品不都是保湿成分，还有其他成分的参与，选产品不能只看成分，还要结合自己的肤质、所处的环境以及自己的需求。

挑选
建议

干性敏感：补水保湿＋舒缓修护

▶ 有修护成分的乳液或面霜

▶ 有舒缓成分的保湿水 + 有修护成分的护肤油

▶ 有舒缓成分的保湿精华

干性耐受：补水保湿

▶ 油脂含量稍高的保湿乳液或面霜

▶ 保湿水 + 护肤油

▶ 有锁水保湿成分的保湿精华

油性敏感：补水保湿＋舒缓修护＋适当控油

▶ 有修护成分 + 控油成分的轻薄乳液或面霜

▶ 有控油成分的保湿喷雾 + 有舒缓修护成分的轻薄乳液

油性耐受：补水保湿＋适当控油

▶ 有控油成分的保湿水

▶ 有控油成分的轻薄乳液或面霜

说再多，这些也只是建议，要知道护肤并无定式，一切的一切，还是要从自己的皮肤出发。先了解自己，再了解纷繁多样的产品，最终找到合适的"它"。

面膜，不为人知的另一面

敷面膜
后的美丽"误会"

刚刚把面膜揭下来的时候，那皮肤真的是雨润红姿娇——皮肤最表面的角质细胞吸饱了水，圆润通透，大大增加了透光性，遮光度也发生了改变。外面的光线可以更好地透过角质层，并且再次通过散射的方式透出来。

简单来说——敷完面膜之后，皮肤由于吸收了大量的水分而在视觉上显得白里透红。

敷过面膜后充分水合的皮肤其水润感是很特别的，每次敷完面膜都感觉自己"肤若凝脂，吹弹可破"，加上强烈的仪式感，真是让人身心舒畅，欲罢不能，这也是大多数人热衷于敷面膜的原因之一。

但是，有时好事变坏事就在这么一线之间，面膜敷过之后的很短时间内，由于角质层刚刚浸过水，这个时候里面的角质细胞的水含量很高，虽然看上去是水润细腻的，但是隐患重重。

一方面，本来稳定的一个贴一个排列的角质细胞，现在都吸饱了水，体积变大，就不得不给彼此一点空间，排列得没那么紧密，给外源物质钻空子的地方也就更多了，于是更容易被穿透。另一方面，由于角质层细胞自身的水含量增加，水溶性物质的渗透量也会更大。这些都会导致皮肤屏障功能减弱。

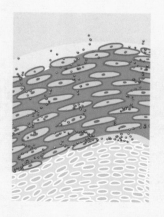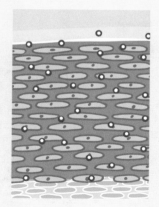

图 2—1 正常角质层和吸水后角质层的对比

也就是说，刚敷完面膜，皮肤屏障会变得比较脆弱。

所以，敷面膜时间要控制好，每次敷面膜时间不要过长，控制在 10 ～ 15 分钟。

短暂的美

大家都发现了，大多数面膜敷完后的水润感持续时间很短，一方面是绝大多数面膜液都是纯水剂的，只有多元醇类以及糖类等水溶性保湿剂，没有锁水效果更好的油性保湿剂。另一方面是，面膜浸润的是角质层，前文已说过，角质层的持水量受外界环境影响较大，加上敷完面膜后皮肤屏障功能减弱，如果外界环境又比较干燥的话，那么补充的水分会迅速蒸发掉。

角质层喝足了水却不能维持住，随着水分的流失，皮肤就像被敲响午夜钟声的灰姑娘，从透亮美好又回到黯淡无光的原点。

怎样留住这转瞬即逝的美好呢？

根本方法还是要及时保湿，留住水分。敷完面膜后及时使用锁水保湿能力强的护肤品。

上妆前
敷面膜妆容会更服帖吗？

看到这里你应该明白了，敷面膜之后，最要紧的事是不要给皮肤太多外来物质——皮肤这个时候犹如狂风中艰难支撑的墙，你又怎么忍心再上去踢一脚？这时候只要做好基础保湿就可以了，这时使用的产品配方应该尽量简单。

如果这时候上彩妆，妆容是更服帖了，但彩妆产品中各式各样的原料，对皮肤的伤害却更深了。彩妆里面的成分，香精和色素肯定是难以避免的，这两个是主要的外来刺激。液体的彩妆里面由于有粉体原料，所以防腐的挑战更大，防腐体系也更强有力，刺激性可想而知。

总的来说，敷完面膜之后的角质层充分水合，防御能力下降，化妆品中的香精、防腐剂等刺激皮肤的物质更容易刺激到皮肤。

回顾我们最开始讲到的昼夜节律理论，我们的基因在白天开启"防御模式"，虽然在一定程度上会抵御外界的伤害，但是我们护肤是为了让皮肤更好，我们要做的是尽可能加强防御能力，而不是给予皮肤负担，给基因拖后腿。

所以，不要在敷完面膜后化妆，更不要为了妆容服帖而敷面膜，别为了一时的美丽而让自己的皮肤去冒险，得不偿失呀！

打开面膜的正确使用方式

上文我们提到皮肤离不开水，缺乏水分会引起一系列皮肤问题，这时需要采取一些手段帮助补水锁水，面膜本身对于皮肤，尤其是干性皮肤，是有很大帮助的，毕竟面膜液里的护肤成分在跟肌肤亲密接触这段时间里，还是能够浸润角质层，给角质层充分补水的。

面膜这个品类本身没有错，错的是不正规商家生产的不当产品，某些市场对面膜功效的过度鼓吹，以及消费者对面膜的不恰当使用。面膜用好了，能让肌肤看上去弹弹润润，和清洁类似，任何事情都得控制一个"度"，在这个度的范围内是利大于弊的。

回到开始的问题，早上要来片面膜吗？可以敷，但是要正确使用，且后续不建议化妆。

一周使用两次到三次面膜，不建议超过三次，每次不超过15分钟。这样才既能够有效地为皮肤补充水分和营养，也让皮肤有足够的时间来休息。

贴片

✐ 面膜怎么挑?

　　市面上的贴片面膜有很多,但本质上很简单,就是一块布和 20 ～ 30ml 精华液就搞定了,不管你做成两片式三片式,还是凝胶蚕丝,总归还是"布 + 液",所以选择贴片面膜主要看的就是面膜液和面膜布。

面膜液

　　贴片面膜里承载面膜宣称功效的主要是面膜液,对于达不到几百元一片的普通面膜产品来讲,其功效主要就是密集补水保湿。如果有可能的话,加上一点修复和舒缓的功能,其他的功效宣称基本上都是闹着玩儿。

　　有人会说,有些便宜的面膜配方里也有添加烟酰胺、白藜芦醇、各种植物提取物这些功效性成分呀,怎么就没有其他功效了?让我们来算一笔账:市面上大部分面膜大概在 10 ～ 20 元一张,里面的精华液大概有 30ml,还有一块布,所以如果去掉布的价格,那么 30ml 的精华液大概也就最多在 10 来块钱。你会相信 10 来块钱的产品能够有吹上天的功能吗?如果是 10 来块钱的精华液放在货架上,你根本都不会看一眼。

　　所以,在挑选中低价位的面膜时只要关注它的补水、锁水功能就足够啦,配方成分尽量简单,降低刺激的概率。如果真的需要面膜的其他功效,且足够耐受,请先确保预算充足,往稍高价位看,配方中功效性活性物含量要足,才有可能达到宣称的功效。

面膜布

一般好的面膜布本身材质不刺激，舒适度佳，剪裁形状贴合面部，吸收面膜液的负载力高。膜布材质分很多种：蚕丝、天丝、铜氨纤维、备长炭、桉绒海藻等等。但光看材质也看不出来好坏，因为织法、剪裁等也会产生影响。所以判断面膜布好不好，最好的办法就是直接贴上测试。

最后的最后，小心挑选使用面膜，不要用来路不明的产品。由于面膜上脸的剂量特别大，一些平时不会有啥大反应的防腐剂（如尼泊金酯类、苯氧乙醇等）说不定也有刺激，一些香香的面膜，也有过敏的可能性。并且，面膜是激素和抗生素的重灾区，医院皮肤科里面接诊的烂脸的病人，很多就是用了不正规的面膜导致的。再便宜的正规产品，也比这些来路不明的产品好很多倍，切记！

加强防护——
延缓衰老第一步

　　前文已经提到，我们的基因表达使我们在白天开启"防御模式"，对于晨间护理除了要做好清洁保湿，还要加强防护力，那我们防的是啥？

　　防的是紫外线，防的是污染，防的是自由基，防的是糖基化终末产物，防的是各种让皮肤衰老的不利因素。

　　我们这就来好好讲一讲这些不利因素，以便对症下药，延缓皮肤衰老。

了解伤肤的多种因素

氧化
伤害

时至今日，依然有人误以为氧化就是氧气在作乱，氧化了皮肤，抗氧化就是抗氧气，甚至有人说："你得赶紧抗氧化，不然脸蛋就像切开了的苹果……"

我们常说的"抗氧化"，不是抗氧气，而是抗"自由基"。以后别再为这种"苹果氧化图"交智商税了！

小伙伴们一定很疑惑：既然是对抗自由基，为啥要叫作"抗氧化"呢？这就涉及氧化还原反应和自由基的定义了。

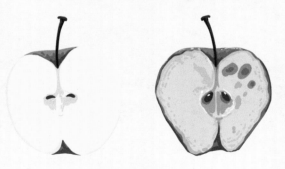

图 3—1　苹果氧化

广义上是指发生电子的得失或共用电子对的偏移的反应，化学家们将失去电子的半反应称为氧化反应，物质失去电子也被称作被氧化了。

自由基

是指游离存在的带有不成对电子的分子、原子或离子。

自由基对增加第二个电子有很强的能力，容易获得电子，相应的，就会有物质失去电子，根据氧化还原的定义，也就是这些物质被氧化了。

事实上，大多数自由基虽然一直在获得电子，但都是无害的，在线粒体中的自由基获得电子是与能量的代谢息息相关的，是生命体正常代谢的一部分。

然而，一旦自由基从线粒体中"翘班"溜走，带着孤家寡人的不成对电子，看到外面世界里大家都是成双成对的样子，也极其渴望成双成对，就逐渐暴躁起来，对细胞下狠手，摧毁胶原蛋白，"暗杀"DNA、RNA 遗传物质。

健康细胞

自由基

图 3—2 自由基伤害健康细胞

糖化伤害

糖化反应

在生物学上指非酶糖基化反应(Nonenzymatic Glycosylation，NEG)，这是一系列复杂的非酶促反应，是指蛋白质氨基端和葡萄糖羧基端在体内发生非酶促反应，形成早期糖基化产物，经过氧化、重排、交联等过程，形成不可逆的非酶糖基化终产物(Advanced Glycosylation End Products，AGEs)的过程。

AGEs

AGEs会让负责强韧的胶原蛋白变硬变脆，皮肤渐渐会丧失弹性，开始松弛下垂。同时，AGEs也会在细胞正常代谢中碍事，影响皮肤新陈代谢活力。

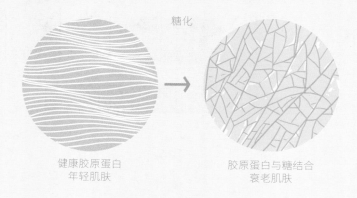

糖化

健康胶原蛋白
年轻肌肤

胶原蛋白与糖结合
衰老肌肤

图3—3 皮肤的糖化反应

简单来说，氧化与有害的自由基"行凶"有关；糖化会形成碍事的 AGEs（糖基化终末产物）；而自由基会摧毁胶原蛋白，AGEs 让胶原蛋白失去弹性，"自由基"和 AGEs 联手攻击胶原蛋白，后果就是：皱纹、粗糙、暗黄、松弛下垂……

紫外线
伤害

从上文我们已经了解了自由基的危害，而提到自由基，就避不开紫外线这个冷面无情的杀手。

太阳光是由一系列波长的光所组成，波长越长，能量越小，穿透能力越强。紫外线家族是可见光家族（红橙黄绿蓝靛紫）的邻居，波长较可见光短，所以能量比这些可见光弟弟们高出来一个段位，因此可见光不够格（能量不够）干的事情——皮肤灼伤和皮肤癌变，紫外线都能做得到。

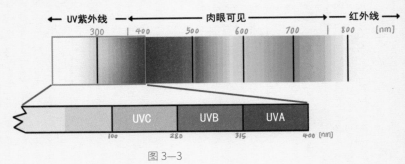

图 3—3

紫外线根据波长可以分为长波 UVA、中波 UVB、短波 UVC。

短波 UVC，过于高能，在地球大气层的顶部就被拦下来了。

中波 UVB，稍微和善那么一丁点儿，所以有一小部分能够到达海平面。

　　长波 UVA，在这三兄弟中穿透能力最强，所以很大一部分都到达了我们周围。

　　用数学老师喜欢的方式来说，我们周围的紫外线，5% 是 UVB，95% 是 UVA。

　　紫外线引起的自由基，不仅让皮肤变黑，还会破坏胶原蛋白。那么它到底是怎么"行凶"的呢？

正面攻击

　　紫外线诱导基质金属蛋白酶（MMPs）活性过度激活，降解大量的胶原蛋白和弹力蛋白，使得胶原纤维失去弹性变得松弛无力，最终形成皱纹。

暗中破坏

　　紫外线中 UVB 能造成皮肤的晒伤，还会诱导 DNA 螺旋链上相邻的碱基发生聚合形成二聚体，导致基因无法表达；而 UVA 的穿透力要比 UVB 高得多，有高达 20% ～ 30% 的辐射可以深达真皮层，受其激发产生的氧自由基（ROS）可以潜伏在肌肤深处，伺机造成破坏，严重时可导致 DNA 双螺旋结构断链。

　　总的来说，UVB 扰乱细胞中 DNA 的排序，而 UVA 会促发形成氧自由基（ROS），伺机而动破坏 DNA 链的完整性。

　　这两种攻击方式都会使得皮肤孤立无援，失去修复自救的能力，绝望地加速衰老下去。

　　伤害如此之多，若没有足够的防护，我们那可怜的皮肤在这样的猛攻之下将毫无还手之力。怎么办？别忘了我们最初提到的"防御模式"，积极防晒，主动出击，将紫外线的进攻扼杀在摇篮里。

环境污染
伤害

我们的皮肤中主要是表皮层发挥着屏障作用，保护我们免受各种危害。与此同时，表皮层也就成为了空气污染物首要的攻击对象。

常见的污染物有日光及人为污染物。对皮肤有影响的人为污染物主要有多环芳烃（PAHS）、臭氧（O_3）、颗粒物（PM）等。

日 光

对皮肤危害最大的常见环境应激压力（例如造成皮肤癌、色斑和皱纹等），还会与其他污染物协同作用损伤肌肤。

多环芳烃

最常见的有机污染物之一，主要来源于燃烧的木材、汽车尾气以及有机物质因燃烧而产生的烟雾，比如二手烟。

二手烟中的多环芳烃会加速皮肤中的水分流失，导致结缔组织变性，使胶原蛋白和弹性纤维降解酶的含量增加，从而导致皮肤松弛。

通常情况下，多环芳烃是通过产生自由基来危害皮肤的，这些自由基能够直接破坏皮肤细胞结构，导致皮肤产生炎症，并传输与皱纹和色斑相关的细胞信号。

这类自由基在体内产生的负面效应通常被称作"氧化应激"，是污染损害皮肤状况和促使皮肤衰老的主要途径之一，这也是为什么自由基理论是皮肤衰老学说理论的中心。

臭　氧

臭氧主要存在于大气层上部或平流层，对阻挡紫外线起重要作用。但在靠近地面的对流层，它是光化学烟雾的主要组成部分，它是一种有毒并具有高度活性的氧化剂污染物。暴露于臭氧环境中可能引发荨麻疹、湿疹、接触性皮炎和其他类型的皮肤炎症。

总的来说，暴露于污染（尤其是臭氧环境）中，皮肤中抗氧化剂的含量会降低，从而导致脂质过氧化、皮肤屏障损伤及炎症的发生概率增加。生活在污染严重的环境中会令皮肤中的水分流失，增加皮脂排泄率，催发慢性皮肤刺激或炎症，而这些都会加速老化。

所以，衰老不是某一个因素导致的，加强防护要从多方面着手。

日间如何加强防护？

提高
✐自身防御力

　　我们的皮肤能在接受外在刺激时保持稳态，朗格汉斯细胞在其中起了重要作用。朗格汉斯细胞是一种来源于骨髓的免疫活性细胞，主要分布于表皮中上部，能产生淋巴因子，使皮肤对外界刺激有一定的防御能力。对我们的皮肤来说，不论多少外在手段加持，归根结底还是要提高自身的防御功能。

Ultimune Complex™

　　资生堂的独有成分组合 Ultimune Complex™ 就是个能加强朗格汉斯细胞防御能力的成分，这个成分主要是一些植物提取物的组合，其中的 β- 葡聚糖对提高皮肤免疫力具有积极作用。朗格汉斯细胞是我们人体免疫反应过程的启动器和调制器，β- 葡聚糖可以与 Langerin（朗格汉斯细胞分泌白细胞分化抗原）结合，从而刺激朗格汉斯细胞分泌 Langerin，以加强皮肤免疫屏障，从源头上增强防护力。

依克多因（四氢甲基嘧啶羧酸）

依克多因被称为"大自然设计的细胞保护机制"，有项很直观的试验：用 UV 辐射朗格汉斯细胞，相对于没有任何预处理的细胞，依克多因处理的细胞存活数量更高，几乎接近紫外线照射前的状态。表明依克多因对细胞的确有很好的保护作用，可以防止紫外线带来的伤害。

做好抗氧化

我们身体里面有一套完整的抗氧化系统，正常情况下，这套系统还是非常敬业的，普通程度的自由基根本无法造成伤害。

这一套系统里面，打前站的是维生素 E，后备补充的是维生素 C 和辅酶 Q10，然后还有谷胱甘肽作为支援，就像一支整齐有序的军队一样。

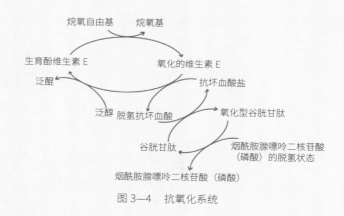

图 3—4　抗氧化系统

为什么有抗氧化系统我们还要抗氧化？在这里，我们要抗的是过量的自由基，它们是抗氧化军队无暇顾及的。最简单的方式就是釜底抽薪，通过防晒、远离污染、保持好心情、健康饮食、戒烟等方式预防过量自由基的产生。

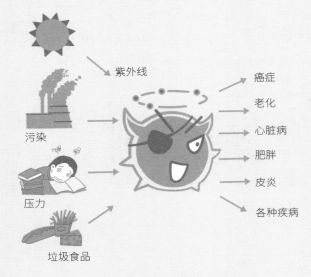

图 3—5　自由基的产生和危害

如果已经产生了过量自由基，可以用抗氧化剂代替细胞接受它的攻击，让它没有力气继续"躁动"。

图 3—6　抗氧化剂帮助抵御自由基

表 3-1 常见抗氧化成分 ▼

经典成分	维 C、维 E、维 A，以及其各种衍生物等
植物多酚	花青素、茶多酚、阿魏酸、白藜芦醇等
细胞抗氧化体系	超氧化物歧化酶（SOD）、谷胱甘肽、硫辛酸、泛醌（辅酶 Q10）、艾地苯醌（辅酶 Q10 变体）、麦角硫因

罗马不是一天建成的，自由基也不是能轻轻松松一举歼灭的。抗氧化剂也需要像我们体内的抗氧化系统一样合作，才能在这场抗击自由基的战役中取得胜利。

维 C 和维 E 联合还原氧化皮脂。

虾青素等类胡萝卜素清除恐怖分子单线态氧。

植物多酚辅助维 C、维 E 还原皮脂，并中和自由基的同时络合铁离子，防止更大的"恐怖分子"羟自由基出现（羟自由基人体无法代谢）。

谷胱甘肽因分子量较大，不能通过皮肤直接吸收，所以护肤品中可补充它的前体半胱氨酸，在体内转化成全能的抗氧化剂谷胱甘肽。

麦角硫因抗氧化原理和谷胱甘肽差不多，对皮肤内的羟自由基、过氧硝酸盐和氮自由基都有很好的清除功能。

泛醌（辅酶 Q10）也是在人体中用来维持维生素 E 抗氧化斗争的重要成员，同时参与细胞能量代谢，既能够补充皮肤内的抗氧化系统，又给皮肤提供源源不断的能量。

白藜芦醇抗氧化的同时，激发 sirtuin1 基因（线粒体修复基因）的能力，修复自由基造成的破坏。

兼顾
抗糖化

　　糖化的主要原因是饮食。所以还是从饮食出发，选择低 GI（Gradual Index 意为"升糖指数"）&GL（Glycemic Load 意为"升糖负荷"）饮食。少食高 GI&GL 值的食物，比如奶茶、蛋糕。不仅为了身材，为了我们的皮肤，也要管住嘴。

　　自由基也是诱发糖化反应的前提之一，做好抗氧化，能在一定程度上预防糖化！

　　AGEs 的形成是不可逆的，如果已经形成了 AGEs，可以试试含有下面成分的产品。

肌肽

　　肌肽能"欺骗"AGEs，让它不再和胶原蛋白、弹性纤维结合。

Collrepair

　　德国 BASF 的专利成分，由丹参提取物等组成，可以打破已糖化的蛋白质之间建立的分子桥，也就是打破糖化产物，重新让蛋白质恢复其活性。

[实用小指南]

　　面对鼓吹"人人都要抗糖化"的商家，留个心眼，可以参考下面的图看看，自己是不是真的需要抗糖化产品。

不过，我们还是要理性看待肌肤抗糖化这件事，虽然它确实有用，但是不能过度单一强调，因为在皮肤衰老的众多原因中，紫外线仍然是重中之重，因此抗氧化仍然是我们不能忽视的重要环节，在做好抗氧化的基础上，再用抗糖化作为助攻，自然是火力全开了。

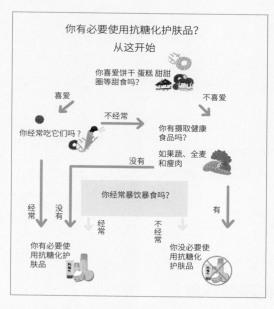

图 3—7　你是否有必要使用抗糖化护肤品

坚持 防晒

与常规护肤品相比，涂防晒是件很麻烦的事，防晒产品通常肤感油腻，有些每隔两个小时还要补涂，对于"懒癌晚期"的我们真是苦不堪言，所以防晒到底是在防什么呢？偷懒不涂可以吗？

防晒霜的核心——（防晒剂）

国际上把防晒剂按其防晒机理主要分为两类：紫外线散射剂和紫外线吸收剂。

◆ 紫外线散射剂

是指能形成一层均匀的保护层，通过该保护层对紫外线反射、折射和散射，屏蔽掉部分紫外线对皮肤的伤害，如高岭土、氧化锌、滑石粉、氧化钛及新型有机粉体等。但作为高效、安全和多用途的无机防晒剂，目前只有二氧化钛 (TiO_2) 和氧化锌 (ZnO) 被认可。

◆ 紫外线吸收剂

一般是有机分子，具有芳香族结构或色团结构，通常意义上我们将其理解为化学防晒剂。色团分子量越大，吸收剂的吸收强度和最大吸收峰波长越大，因此 UVB 吸收剂的分子量一般比 UVA 及广谱吸收剂的分子量小。

防晒霜的不同分类

防晒产品按防晒剂作用的原理来分，可以分为物理防晒、化学防晒、物化结合防晒。

◆ 物理防晒

是指只含有紫外线散射剂的防晒产品，通常指的是含有二氧化钛和氧化锌防晒剂的防晒产品。

物理防晒一般相对于化学防晒更温和，但容易出现泛白、拔干、易搓泥、不好清洗等现象，物理防晒使用感好不好，就要看各厂家对于防晒剂的处理能力了。

◆ 化学防晒

是指只含有紫外线吸收剂的防晒产品，通常指的是含有甲氧基肉桂酸乙基己酯、阿伏苯宗、胡莫柳酯等这些防晒剂的防晒产品。

化学防晒因其防晒剂种类多，可以做到全波段且高效防护，但化学防晒也有自己的缺点，配方一个搭配不好，就容易出现油腻、封闭、刺激的现象，使用感上还是比较考验配方师功力的。

◆ 物化结合防晒

同时含有紫外线散射剂和紫外线吸收剂的防晒产品，物理防晒剂和化学防晒剂联合作用。

物化结合的防晒本意是结合二者的优点：温和且广谱防晒。中和二者使用感上的缺点：既不油腻反光也不泛白搓泥。但在实践中，设计物化结合的防晒如同走钢丝，很容易失足。固体颗粒状的物理防晒粉末比水重，有机的油性化学防晒剂比水轻，其中还有一些天生就合不来的冤家（例如氧化锌和阿伏苯宗），更考验配方师的功力了。

如何挑选合适的防晒霜？

防晒产品按防晒剂作用的原理来分，可以分为物理防晒、化学防晒、物化结合防晒。

◆ 按性能

广谱保护

紫外线攻击皮肤的方式是一套组合拳，所以对它的防护首先要全面，不能放过任何一个波段。

针对 UVB，有日光防护系数 SPF（Sun Protection Factor），用来表征防晒剂保护皮肤防晒伤的效果。SPF 值越大，防晒剂所能提供的防止皮肤晒伤、晒红的保护越强。

针对 UVA，有防晒黑指数 PA（Protection Factor of UVA），用来表征 UVA 防晒剂保护皮肤防晒黑、起皱、老化、皮肤癌的定量效果。随着 PA 值的增加，防护力和防护时间随之增加。

一般来说，同时标注高 SPF 和高 PA 的防晒产品都含有多种防晒剂。单一的防晒剂往往很难做到广谱吸收紫外线，所以配方师通常将不同优势的防晒剂组合起来，通过打配合来防御紫外线。

光稳定性

防晒剂有的晒后不稳定。例如丁基甲氧基二苯甲酰基甲烷（BMDBM，药品名阿伏苯宗），是一种可以吸收 UVA 全波段的有机防晒剂，也是一个晒后不稳定的典型例子，吸收紫外线后自身会降解，释放出氧化自由基，会损害刺激皮肤，也有研究指出，即使不受阳光照射，阿伏苯宗也会慢慢降解。

尽管如今有各种配方技术来保证阿伏苯宗在使用前不发生降解，例如著名的理肤泉 ANTHELIOS 系列，但是阿伏苯宗的防晒机理是不会改变的，所以无论如何，使用过含有这类成分的防晒霜，睡前一定要记得洗脸。

成膜均匀性

防晒指数测试严格基于 2mg 的防晒霜均匀涂抹在 $1cm^2$ 的

皮肤上。姑且不论你是否每次都能用足够的量，防晒霜本身能否在你的皮肤表面流平并成膜是关键。如果防晒霜不能完整地流平成膜至皮肤表面，皮肤几乎得不到任何保护，实际效果可能还不如不涂，不涂至少晒得均匀。

防水性

当需要户外行动的时候，防水性至关重要，炎炎夏日谁能保证不出汗呢。根据经验，防水性强的防晒，一般都采用了油包水体系，虽然是专业术语，生活中也可以简单进行相似判断：滴一滴防晒到水里，如果是油包水，就会保持一滴的形状不变，如果不是，很容易就会散开。

综上，在现今的技术环境下，一款好的防晒产品应该具有以下几点特征：覆盖光谱广、成膜性强、光稳定、防水防汗。

◆ 按不同情况

选择防晒就像选择衣服，不仅要考虑季节和场合，还要考虑身体部位，总归不能把袜子穿在手上、衬衣裹在腿上，但更多的还要考虑我们自己本身。

肤质

大多数人没选对防晒，基本上都是由于防晒产品和肤质不匹配造成的。干皮选了拔干快成膜快的产品，油皮选了保湿度很高的产品，敏感肌选了一堆化学防晒剂和活性物，都会因不适合自己的肤质而对防晒产品不满意。彼之蜜糖，我之砒霜，一定要结合自己的肤质进行选择。

干性敏感：物理防晒，滋润保湿；

干性耐受：物理化学均可，滋润保湿；

油性敏感：物化结合防晒，清爽保湿；

油性耐受：物理化学均可，清爽控油。

季节

总有人会有疑问：秋冬要不要防晒？阴雨天要不要防晒？

这两个问题的根本，还是在于紫外线指数。世界卫生组织（WHO）制定了一个标准，将指数分为了 1—11 级，可以按照WHO 的推荐来擦防晒。

紫外线指数 0—2 时，紫外线对皮肤基本没影响，可以不涂防晒；

紫外线指数 3—7 时，可适当配合防晒衣、防晒帽、防晒伞；

紫外线指数 ≥ 8 时，推荐使用 SPF50 防晒产品及搭配硬防晒（防晒衣、防晒帽、防晒伞）。

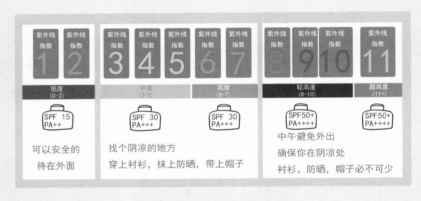

图 3—8　紫外线指数及保护措施

场合

不同场合下我们的着装有不同的要求，对防晒来说也是如此。

每天暴露在阳光下的时间小于 2 小时，那么选择防晒的时候不需要太纠结 SPF 指数，普通的 SPF20 ～ 30 的产品已经够用（前提是量要用足），也无须纠结是否防水。

户外时间超过 2 小时，或是处于紫外线照射强烈的地区，建议选择高 SPF 的防晒产品；产品用量要足，且注意补涂；若是经常碰水，可以选择防水的产品。

部位

按使用部位防晒主要分为针对面部防晒和针对身体防晒。

面部防晒又分全脸、眼周和唇部防晒。切记，防晒不要忘记眼周和唇部。

身体皮肤面积大，挑选防晒产品建议挑选大容量、轻薄易涂抹、便于清洗的。

儿童和孕妇

3 岁以下宝宝

尽量采用硬防晒，戴帽子打伞，太阳斜 45 度之后出门。

3 岁以上儿童

皮肤比较敏感：可以选纯物理的儿童防晒；

普通皮肤：物化结合的儿童防晒霜也是没有问题的；

剂型方面：尽量不选用防晒喷雾，会有吸入风险；防晒棒只推荐用来补涂，光用防晒棒容易涂不够，孩子也没有耐心；

爱出汗：选防水防汗型。

孕妇

温和性很重要，万一有问题医生很难用药。防晒中有刺激性的成分太多了：二苯酮，甲基异噻唑啉酮、苯甲醇……估计孕妈都看不过来。简单点，无香精无酒精的温和防晒霜就可以。

做好
抗污染

抵抗人为污染物，最简单的手段是强化屏障，保护皮肤免受外部颗粒物和化学物质的侵害。各类抗污染的产品中使用的技术和成分也是根据这个原理，在皮肤表面形成一层薄膜，拦截污染颗粒，从而减少其对皮肤屏障的损害，改善色素沉积和皱纹。

生物糖胶—4

来自 Solabia，一种糖类高分子聚合物。涂抹在皮肤表面之后成膜，隔离 PM 颗粒物和重金属粒子，更方便水洗冲去。

刺云实果提取物 & 长心卡帕藻提取物

类似生物糖胶，Silab 用一种 IBPN 专利技术，像打毛衣一样，把两种天然多糖的糖网"编织"在一起，就把抗污染升级了一个档次，还能固妆、维持微生态等。

欧夏至草提取物

欧夏至草是薄荷的一种，该提取物来自 Sederma，有舒缓、消炎的作用。能减少皮肤细胞对污染物的吸收，还能减轻污染环境导致的黑头。

顾盼生辉，
呵护双眸"睛采"

　　俗话说，眼睛是心灵的窗户，一双动人的眼能说出的言语，比任何话语都要来得丰富而真实，正所谓"巧笑倩兮，美目盼兮"，有诗人觉得双眼包含着落日与黎明，也有人从双眸中望见了深邃的海洋。

眼部需要单独护理吗？

经常有人问："面部产品能不能用在眼周？"这个问题不能一概而论。

一般来说，成人面霜与眼霜的国家安全标准不同，眼部产品要求会更高，成人面霜国家标准中对于 TVC（菌落总数）的要求 ≤ 1000CFU/g，而眼霜的标准 ≤ 500CFU/g。而某些公司采用的标准会更加严格，来确保眼部产品的安全性。

为什么这些公司要这么做？因为眼睛周围是整个人体表面皮肤最薄的部位，厚度只有 0.5mm 左右，大约是脸部其他部位皮肤厚度的四分之一，这是一切眼周问题的一个大前提。

因为更薄，所以相对来说更容易干燥，有更大的炎症风险。而一旦有了皮肤炎症，形成的色素沉积反过来又因为皮肤薄而更加明显，黑眼圈就出现了。再加上眼周这一块，尤其是眼角，随着表情皮肤的运动也比较多。这就给表情纹（眼角纹）的出现提供了条件。

而眼部产品针对以上出现的问题，兵来将挡，水来土掩，针对性和准确性都较其他产品更强，单独护理是有必要的。

眼纹是如何
悄悄爬上眼角的？

眨眼、微笑等表情注定了我们眼部皮肤的频繁活动，也为皱纹出现提供了条件。但先别急，看看还有没有机会补救。

我们平常所说的皱纹，其实分为两种，分别是表皮层皱纹和真皮层皱纹。

表皮层皱纹是随着年龄增长，角质层中的天然保湿因子NMF含量减少，皮肤水合能力下降，导致皮肤组织细胞皱缩、老化。

真皮层皱纹，是真皮层纤维细胞数量减少，胶原蛋白合成减少，弹性纤维分解退化的结果。

干纹

年轻肌肤面对的更多是干纹，属于表皮层皱纹，简单来说就是角质层干燥引起的。针对干纹，保湿滋润型的产品，是最简单且有效的一类。但对于敏感皮来说，也要注意不要太强烈的封闭，否则会适得其反（跟敷面膜导致过度水合是一个道理）。

至于传说中的"脂肪粒"，那其实是粟丘疹，并不是什么脂肪，而是增生的角质，与使用滋润的眼霜没什么关系。

表情纹

前面提到，眼周的皮肤厚度只有 0.5mm 左右，但同时我们的眼周集中着 22 块肌肉，每天运动上万次，眼周的皮肤被肌肉反复地拉伸与放松，会使胶原蛋白重新排列，并随着时间的流逝，最终失去弹性。表情纹就在这几百万个一眨眼间，悄悄爬上我们的眼角，变得越来越深。

对付表情纹，最简单彻底的方法是注射肉毒毒素，肉毒毒素本身是一种多肽，可以通过阻断神经 - 肌肉接头间突触前膜上的乙酰胆碱的释放来阻断神经冲动向肌肉的传递，从而导致肌肉无法收缩。然而肉毒毒素毕竟是药品，有一定毒性，医美注射一定要到正规机构找专业的医师来操作，否则一不小心真的会被打成"扑克脸"，这就得不偿失了。

肽 类

与肉毒毒素相比，更小的分子量，使得这些小分子肽能够不必通过注射就能用在护肤品中慢慢起效，既能减缓衰老，又保留了我们肆意大笑的权利。

代表性成分譬如乙酰基六肽 -8，特有的氨基酸序列使得它拥有在不伤害 SNAP-25 蛋白的条件下干扰 SNARE 复合体的组装的能力，达到类似肉毒毒素阻断神经效果的同时，又不会带来肉毒毒素的副作用；其他肽类比如棕榈酰四肽 -7、二肽 -2 等也可以温和有效地改善眼周表情纹。

黑眼圈是如何"炼成"的？

顾城说"黑夜给了我黑色的眼睛"，不过对于许多人而言，黑夜岂止给了黑色的眼，恐怕也把"烟熏妆"买一送一了。在一次次熬夜的压力、岁月的蹉跎里，逐渐染上了厚重的黑眼圈，双眼很难再有星光神采。

结构型
黑眼圈

结构型黑眼圈由眼眶结构异常而导致。比如皮肤松弛、眼袋膨出、泪沟凹陷等等，这些凹凸不平的部分在非正面光照时，就会出现阴影，不过有正面光照时，阴影就会消失。

随着年纪增加，眶下脂肪流失，会出现皮肤变薄甚至脸颊下垂，让眼窝外周凹陷下来，加深黑眼圈。

结构型的黑眼圈是护肤品无能为力的，最多只能做到遮盖，要想彻底摆脱，只能借助医美了。

色素型
黑眼圈

色素型黑眼圈显色的关键点是色素，这里的色素可不止黑色素，还有血红素及其代谢产物。

黑色素型的黑眼圈，也可能是体内原因导致的黑色素在眼周集中沉积，例如过敏等慢性发炎等。针对黑色素型的黑眼圈，只要在耐受范围内使用美白类产品就好了，保证不刺激眼睛就行。

针对血红素及其代谢产物型的黑眼圈，手段也不复杂，只需要把血红素的铁离子螯合，形成不显色的复合物，就可以成功地让整个血红素脱色。

而血红素的两个代谢产物胆绿素和胆红素，在一定条件下可以互相转化，所以只需分解其一就可以了。

对应的活性物有能螯合铁离子的N-羟基琥珀酰亚胺（NHS）、辅助胆红素降解的白杨素（5，7-二羟基黄酮）。

Croda 旗下的 Sederma 的一个活性物黑洛西 Haloxyl，就包含了上述两种成分，除此之外还包含了两个多肽。这两个多肽，就是 Croda 的 Matrixyl 3000，作用于眼周细纹。

另外还有橙皮苷甲基查尔酮，通过强化毛细血管、改善炎症，进而降低透过率，减少水分和血红素的排出，对改善浮肿和色素型黑眼圈都有作用。

混合型
黑眼圈

混合型黑眼圈，顾名思义是多种类型混合，可以参考单个类型对号入座。在选择产品时，也可以选择功效全面一点的产品。

午安

恬意的早饭之后，忙忙碌碌的一天开始了……闲暇之余看一眼镜子，我的脸怎么了？出汗、出油、脱妆、干燥、泛红……似乎我的肌肤总在闹别扭。怎么补救？用喷雾能补水吗？防晒霜怎么补涂？不想补涂防晒霜，还有什么办法应对紫外线的攻击？化了妆再运动可以吗？……网上众说纷纭，我到底该信谁的？先别急，肌肤状态不佳不是内因就是外因，找到原因，才能有的放矢，我们今天就针对白天可能遇到的各种肌肤问题以及护肤中存在的各种迷思，展开讲一讲。

巧妙化解 出汗尴尬

古人云"冰肌玉骨，自清凉无汗"，然而除了天赋异禀，大热天依然奔波于职场的我们很难做到清凉无汗，"薄汗轻衣透"是常态，因汗味带来的尴尬情况也时有发生。为了避免这种尴尬，这时候你需要一些小帮手。

汗液是怎么产生的？

汗液的本质，是由我们的汗腺分泌产生的液体，是无菌、稀释的电解溶液。我们皮肤的表面不均匀地分布着 160 万～ 500 万的外泌汗腺，包含大汗腺、小汗腺。

小汗腺分布较广也较浅，几乎在全身都有分布，直接开口在皮肤上（汗孔），分泌出来的汗液就是类似生理盐水的成分（氯化钠水溶液）。

大汗腺在比较深的皮下脂肪层，基本只分布在腋下和私密部位，跟皮脂腺一样借道毛孔排出分泌物；分泌出来的汗液是黏稠的奶样液体，主要是蛋白质与脂肪酸。

汗液的分泌使我们能够进行体温调节，还可以保持水电解质平衡，并保持皮肤角质层的湿润。

炎热天气下，正常成人每小时可以分泌 0.5L 以上的汗液，其中99%都为水，其余成分有氯化钠、钾、碳酸氢盐、抗菌肽、蛋白水解酶、糖、乳酸、尿素等等。本来无论大小汗腺的"汗"，都是没有味道的，但是别忘了皮肤表面还有着微生物这一群小可爱，有吃有喝还营养丰盛，对于皮肤表面的菌群而言无异于开自助餐，这群家伙吃喝拉撒了一通之后，就变成了一个有味道的故事！

　　那么，怎么对付它们呢？

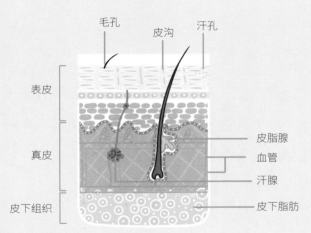

图 5—1　皮肤结构示意图

科学挑选止汗产品

想要避免重要场合狂出汗的尴尬，可以采用一些止汗产品。

铝盐
止汗

一般这类产品会采用铝盐作为止汗剂，其作用机理：铝盐接触皮肤后吸收皮肤表面汗液或水分，变成啫喱状，从而降低了汗液分泌到皮肤表面的量。经过沐浴后吸收汗水的铝盐凝胶物会从皮肤表面分离，流汗量会恢复正常。

市面上的铝盐类止汗产品大概分为三类。

氯化铝

这是最早发现的有止汗作用的成分，大概可以被算作第一代止汗剂，抑制出汗的效果很好，但是对皮肤的刺激性也很大，所以国内基本上很少见到这类产品。

氯化羟铝

目前使用最普遍的止汗剂成分，同样具有很好的止汗能力，但是刺激性比氯化铝小很多。

氯化羟铝除了有抑汗作用外，也是一种抑菌成分，从止汗和去汗味两个角度，为产品贡献了强大的功效。因为汗味的来源主要是细菌分解汗液中蛋白质而产生的代谢物，所以抑菌可以带来去味效果。

止汗、抑菌，还温和，所以也难怪市面上绝大多数止汗产品都是它当家了。

四氯羟铝锆 GLY 配位化合物

这个成分也和氯化羟铝一样，能够有效止汗且刺激性低，有个缺点是和汗液结合后沾到衣服上会留下硬硬的黄色污渍，但可以洗掉。

除了铝盐，还有一些植物提取物也有止汗的功效，止汗原理是从收敛的角度减少汗水，虽然没有铝盐的强大止汗功效，但作为温和止汗产品也是一个不错的选择。

市面上有些宣称天然来源的止汗消臭石是什么原理？

这些宣称天然来源的成分一般指的是明矾，化学名称十二水合硫酸铝钾，其实它也是铝盐。

降温
止汗

上文我们已经提到，汗液的分泌是我们基本的体温调节方式，当温度较低时，汗液的分泌自然就少了。所以除了铝盐止汗产品，我们还可以通过降温产品间接达到减少出汗的效果。

如何降温

◆ 作用于冷感受器（神经信号）

像牙膏、六神花露水触碰到肌肤都会让我们有种清凉感，这类产品在皮肤上制冷的原因，一般被认为是刺激了皮肤上的冷感受器，后者向大脑发出了冷的信号，但温度本身并没有发生变化。

其中起作用的主要成分是薄荷醇（类环己烷萜类衍生物）。薄荷醇并不是指一个物质，而是一组 4 对光学同分异构体，它们组成元素相同，但结构上有细微区别。

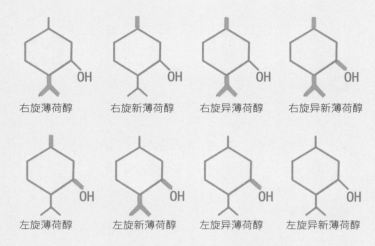

右旋薄荷醇　　右旋新薄荷醇　　右旋异薄荷醇　　右旋异新薄荷醇

左旋薄荷醇　　左旋新薄荷醇　　左旋异薄荷醇　　左旋异新薄荷醇

图 5—2　薄荷醇（类环己烷萜类衍生物）

常用的薄荷醇是上图中的左旋薄荷醇，也是大自然中广泛存在的薄荷醇，是 4 组里面清凉作用比较突出的。

◆ 挥发降温

一些产品中含有大量低沸点的物质，当它们遇热（皮肤温度高于环境温度）后就会因挥发带走皮肤表面的温度，从而让我们感受到一丝清凉。如使用大量酒精或挥发性油脂的产品等。

每种产品各有利弊，其实大家不用过于纠结，考虑好自己的需求和偏好，选择适合自己的产品就好。

清爽一整日，拒绝油腻肌

　　随着气温的上升，温度带给我们的除了爱出汗，还有源源不断的出油。

　　说到出油，就不得不提到皮脂。我们面部的皮脂组成不算复杂，主要有甘油三酯（≈ 41%）、蜡酯（≈ 26%）、脂肪酸（≈ 16%）、角鲨烯（≈ 12%）等，大部分都来自皮脂腺细胞的解体，皮脂腺细胞在迁移到腺腔中部的过程中解体，释放出各种皮脂，经由毛孔流到皮肤表面。

为什么皮肤会油光满面？

　　面对满脸油光的你，家里老人可能会递上一根苦瓜，"脸这么油，上火了"。

　　但从生理学角度来看，出油和上火还真没有关系，有文献指出，在一定的范围内，气温每升高 1℃，皮肤出油（皮脂排泄率）升高 10%。因为温度激活了生产皮脂的催化器——5α- 还原酶。超过 15°C，随着温度升高，5α- 还原酶的活性也会提高，皮脂分泌量就会增加。

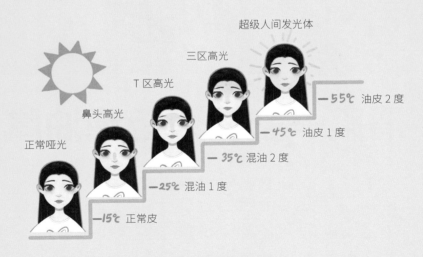

图 6—1　皮脂分泌量随温度升高而增加

有效控油指南

暂时性
控油

    具有收敛效果的酒精和一些植物成分能让毛孔目测变小，油光不见，整个人看起来就瞬间清爽了。日系产品很喜欢走这种思路，但这只是暂时效果，很难持久。

持久性
控油

    如果产品里面再加入一些控油粉末（膨润土，木薯淀粉），基本上可以大半天都帮你保持哑光的状态。

源头抑制
油脂分泌

    还有一些可以抑制 5α- 还原酶的控油成分（葡糖酸锌、PCA 锌、金缕梅、榆绣线菊）能让皮脂腺慢慢冷静下来，不要那么亢进，把油皮往中性皮方向调理。

    讲了那么多控油，是不是就觉得温度高、出油出汗多就不用保湿啦？错！

做好日常保湿　水润又透亮

汗液蒸发加快皮肤失水，很多实验做下来，都发现夏日户外皮肤的TEWL(经皮失水)是增加的，除了多喝水，保湿也不可少。

即使是在室内空调房里，汗液蒸发减少，但空调带走了闷热的同时，也带走了房间里多余的水汽，使湿度急剧降低，皮肤表面的水分流失加速。所以我们在空调房里常常会感觉皮肤干干痒痒的。

另外，当温度下降逐步步入冬天，本身就干燥的空气加上空调或暖气的双重作用，我们的皮肤就更加干燥了，严重的还会有起皮的现象，这样的情况该如何应对？

油皮的保湿

首先要走出"油皮就不需要保湿"的误区。水溶性的保湿剂，例如甘油、PCA 盐、糖类等，可以放心大胆用起来。像是 PCA 钠＋镁＋锌的组合，不但锌离子控油，钠镁离子还可以补充流汗损失。

另外，增强细胞间脂质膜，提升角质层屏障功能的神经酰胺和胆甾醇等，对于油敏肤质也是相当有必要的。

干皮的保湿

干皮日常的保湿工作可以在传统保湿剂中挑选自己喜欢的，还可以在护肤步骤中添加油类产品，保证滋润效果。

用喷雾
补水的误区

一般的喷雾水主要成分就是水，最重要的作用，是舒缓皮肤。可是真的说补水，其实补不进什么的。只是暂时性的缓解干燥的角质层的最外面几层细胞而已。并且，如果喷雾在面部形成水滴，这些多余的水分在蒸发时会连同肌肤表面原本的水分一同带走，使这部分皮肤更加干燥。

所以，喷雾使用不要过于频繁，喷雾使用完之后，可以轻薄地抹一层保湿乳霜，防止后续干燥。

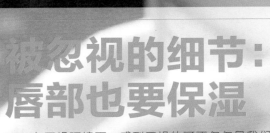

被忽视的细节：
唇部也要保湿

　　在干燥环境下，感到干燥的可不仅仅是我们的面部皮肤，还有我们的唇部。相较其他部位，唇部皮肤本来就色素少且比较薄（几乎只有身体肌肤的 1/3），因为没有皮脂腺和汗腺来分泌水和油脂，所以更容易敏感、干燥。

唇部干燥原因

外界环境的干燥（空调房，秋冬季节等等）。

水分或维生素等微量元素摄入不足。

有习惯性舔嘴唇、手剥嘴唇死皮、喜辛辣刺激食物等不良生活习惯。

使用了治疗痤疮的异维 A 酸等药物。

……

因此唇部更需要保湿剂的滋润！日常生活中除了要改善不良的生活习惯，可以选择润唇膏来保护唇部皮肤，在涂口红或唇彩前也可以先涂一层润唇膏。

挑选合适润唇膏

选择润唇膏，要记住润唇膏的主要功能：保湿滋润。可以选择含有滋润温和的保湿成分（譬如维生素 E、凡士林、芦荟、鳄梨油、蜂蜡等成分）的产品。

至于其他功能，比如舒缓抗炎、防晒、增色、去角质等等，根据需求选择，不过由于强烈日光照射可能会引起各种急性、慢性、光化性唇炎，推荐选择带有防晒功能的润唇膏。

同时要警惕局部的刺激和过敏，对薄荷、樟脑这些有潜在刺激和过敏风险的成分比较敏感的人群，选择润唇膏时应尽量避开这些成分。如果已经发生了唇炎，就不要乱用乱涂了，需要去看医生啦！

发挥小心思，精致不花妆

　　半天下来，精致的妆容随着时间而发生变化，因为燥热带来的不止汗液和油腻，还有脱妆。过多的皮脂，伴随着汗液，再服帖的底妆也会发生移位，色粉随着皮脂和汗液被重新聚集在脸部的凹槽处，像泪沟、法令纹，或者粗大的毛孔处，整个妆容也就不存在了，还会疲态尽显，怎么才能保持时刻的精致呢？

　　其实要想保持精致妆容，在完成妆容时我们就可以发挥一些小巧思。

巧用防晒

挑选防晒时尽量选择引入成膜剂的产品，在皮肤表面形成"第二层"肌肤，防水防油。另外，在使用防晒产品后，静待几分钟，给产品足够的时间成膜，之后再进行后续底妆步骤。

合理控油

维持妆容质感，第一步就是底妆。出门在外最担心的，就是油性肌肤的脱妆问题，因为皮肤出油会溶解彩妆导致花妆。针对这类肌肤，可以选择添加物理性吸油成分的底妆，达到控油效果。

如果真是大油田的话，还可以借助于控油护肤品来辅助，比如前天晚上使用一些果酸、水杨酸类护肤品（根据自己皮肤的状态来决定是否使用酸类护肤品），第二天再使用控油类隔离或粉底，效果会更好些，这也是个长期调理的过程。

做好定妆

这里推荐选择定妆喷雾。定妆喷雾通常含有成膜剂，使妆容更贴合不易被蹭掉。另外，使用蜜粉作为底妆后的辅助控油手段，能在一定程度上减少出油花妆的可能性。

适当补妆

如果妆容斑驳的太厉害，可以通过补妆来弥补。

步骤 1

吸油面纸轻按 T 字出油部位吸取油脂。注意，一定是轻按的手法，擦拭会将粉末、油脂和彩妆糊成调色盘。一般使用一张的量，如果你是那种大油田式肌肤，酌情增加使用量。

步骤 2

棉签蘸水至微潮拭去眼部晕开的睫毛膏及眼线。

步骤 3

选择清爽不黏腻的保湿喷雾，手持喷雾瓶，喷嘴与脸保持半臂距离，喷洒时前臂轻微转小圈。我们是补妆，不是消防员对住一个地方使劲冲，所以要转着圈使用，让喷雾均匀喷洒，否则会使大量的水分集中在面部某一块而冲走原先的底妆。

步骤 5

用干湿两用粉饼或气垫补全底妆。用粉饼时，将海绵蘸湿后用纸巾压至摸在手里微潮，少量多次按压在面部脱妆部位神速完成。气垫产品一般都会比粉底液更加清透，可以直接用海绵蘸取，在脱妆的区域按压轻拍。

步骤 4

喷雾水珠静待在脸部 10 秒左右，用纸巾轻按吸走多余水分。不然水分蒸发更容易带走脸上的湿润度。

Q & A

Q: 午睡是否需要卸防晒 / 卸妆?

A: 面对午睡要不要卸妆的问题，是不能一概而论的，我们要分情况来看:

如果是在工位上短时间的小憩，不太建议卸防晒和卸妆的，毕竟在工位上休息的时间都有限，卸完还要再补，来回地折腾，还有什么时间午睡呢?

午睡建议仰面而睡，以免蹭掉防晒和妆容。

如果是比较闲适的午睡状态，悠闲地躺在床上，睡眠时间较长，可以卸除防晒和妆容。因为长时间午睡的时候，即使仰面而睡，也很难做到面部完全不接触枕巾，伴随着出汗和皮脂分泌，脸部皮肤情形会变得很复杂，此时如果再混合着彩妆和防晒，更是雪上加霜。因为这样的状态对微生物们来说简直就是繁衍生息的天堂，护肤时努力维持的"皮肤微生态"的平衡就在这时被打破了。

卸除防晒或是妆容也要分情况: 若是防水性较弱的防晒或是妆容，清水清洗即可；若是防水性强的防晒和妆容，可以用温和的洁面或洗卸二合一产品清洗。洗完可以补涂一些保湿产品。

因为频繁卸防晒卸妆容易造成过度清洁，有长时间午睡需求的，尽量选择容易清洗的防晒和彩妆产品，这样可以减少过度清洁的可能。

做好日间防晒，
防黑防老有一套

结束了一天的工作学习，撒着欢儿的回家去？等等，可别忘了下午依旧毒辣的太阳。防晒依然要做好。

防晒霜
—— 科学涂抹大法

前文已经讲了防晒的重要性，在众多防晒方法中，防晒霜也被大部分人所选择，但对于防晒霜的使用，却有很多疑问，有防晒指南提示外出前提前 15～30 分钟涂抹防晒，每 2 小时补涂一次，但是对于大部分长时间处于室内作业的通勤人员真的有必要每隔 2 小时补涂一次防晒吗？还有一定要严格提前 15～30 分钟涂抹防晒吗？涂完防晒直接出门了怎么办？

先说结论：防晒霜不是都需要提前 15～30 分钟涂抹，也并不是任何情况下都需要 2 小时补涂一次。

提前
涂抹

防晒霜提前 15～30 分钟涂抹，这个指南的具体来源已不可考，网上也是众说纷纭，大部分说法是认为防晒霜涂抹在皮肤表面后需要等待 15～30 分钟时间才能形成稳定的防晒膜，成膜后才能发挥最佳的防晒效果。

不说防晒霜涂抹后就开始发挥功效，就是成膜，目前的防晒技术也能够做到短时间内成膜，不至于需要等待 15～30 分钟这么久。

如果是短时间通勤、不接触水的情况，涂完防晒霜后就可以出门了。但如果是出门进行户外运动等长时间暴露于阳光下或是有接触水、流汗等情况，还是建议等防晒稳定成膜后再出门，这样更有利于充分发挥防晒的功效以及防水。

及时
☀涂抹

我们补涂防晒霜的目的是什么？是为了弥补防晒霜在日常活动中的损失，使其能够继续发挥抵御紫外线伤害的功效。

那么如果防晒霜没有损失，或者即使有所损失但依然能发挥功效，则可以不用补涂。

举个例子，假使我在出门上班前涂抹了足够量的防晒霜，也等防晒稳定成膜了，我只在通勤的路上那几分钟路程是处于阳光下的，其余时间都处于室内环境，并且没有阳光直射，我没有蹭掉或是洗掉脸上的防晒霜，也没有大量出汗出油，下班回家时，我完全可以不补涂防晒霜。

当然，例子是个比较理想的状态，事实上，一天下来，防晒霜很难一点都不损失，比较安心的做法是在要再次出门暴露在阳光下时，提前补涂防晒。

若是紫外线较强，长时间处于户外，有出汗、接触水等情况，建议及时补涂，一般 2 个小时补涂一次为佳。

总的来说，补涂防晒霜并没有一个统一的标准，还是要结合自身所处环境、实际场景，灵活决定是否补涂、什么候补涂。

　　防晒霜的补涂方法可以参考上一章的"适当补妆"，其中步骤 5 可替换为：涂抹防晒乳／霜，用手轻轻由中间往两边擦抹，防晒前后一致，减少搓泥的可能。

　　若是带妆补涂防晒，依然是"适当补妆"同样的手法，步骤 4 和 5 之间插入补涂防晒的操作，其他步骤不变。

　　既然补涂防晒霜如此的麻烦，那有简单的防晒手段吗？还真有！硬防晒就可以，如防晒伞、防晒帽、防晒衣、防晒口罩、防晒眼镜等等。

防晒伞
——夏日惬意之选

防晒伞可以说是夏天出行最真实的保护伞，不用穿在身上"捂痱子"，还可以享受微风轻拂的惬意，是许多人的第一选择。但你真的了解防晒伞吗？

防晒伞
的选择标准

选择防晒伞时可以关注下面几个方面。

UPF 值

首先我们需要选择符合标准的防晒伞，这里就需要关注一个值——UPF 值，它表示紫外线防护系数（ultraviolet protection factor），UPF 值越大，布料的防晒能力就越好。根据 GB/T18830-2009 规定，当产品的 UPF ＞ 40，且 T(UVA)AV ＜ 5% 时，可称为"防紫外线产品"。在日光强度更高的地区，可能需要 UPF ＞ 50 才能有效防晒。所以在选购时一定要留意，不能被滥竽充数的商家欺骗了，买到不合格的产品。

除了资格认定之外，国家标准 GB/T18830-2009 还规定，具有防紫外线功能的纺织品，都需要在标签、吊牌上有以下标注：

本标准的编号，即 GB/T18830-2009；

当 40 < UPF ≤ 50 时，标为 UPF40 ＋。当 UPF > 50 时，标为 UPF50 ＋；

长期使用以及在拉伸或潮湿的情况下，该产品所提供的防护有可能减少。

防晒涂层

目前防晒伞主要采用银胶和黑胶涂层来达到防晒效果。银胶是一种金属氧化物涂层，通过反射达到防晒效果，价格便宜但容易脱落开裂；黑胶是一种新型的防紫外线面料，主要是聚酯纤维，通过吸收光和热来防晒，UPF 值也普遍比银胶要高，当然价格也更高。

防晒伞的大小

大多数人倾向于选择大一些的伞，觉得这样才足够安全，在关注伞的大小之前，我们先来看看我们遮挡的目标物——紫外线。

照射到我们身体上的紫外线，其实可以分成三个部分。

来自太阳的直射 Rd，这个是纯正的紫外线，强度 100%。

来自天空的散射 Rs，强度大概是直射的 8% 左右。

来自地面的漫反射 Rg，强度大概是直射的 5% 左右。

伞的大小能影响的主要是来自太阳的直射，以及来自天空的散射，而天空漫反射在所有紫外线里只占很小的一部分，来自地面的漫反射基本上遮不住。

虽然理论上伞面越大，能有效遮挡的面积就会越大，但是对于脸部的防晒来说，正常大小的伞面足够遮挡来自太阳的直射，即使加上天空散射和地面漫反射的部分来计算总的紫外线遮挡率，不同大小的伞对面部的遮挡率其实差别不大。而且伞越大，也就意味着重量越重，反而容易对撑伞有抵触的情绪。所以选择便携且负担小的伞反而更有利于防晒。

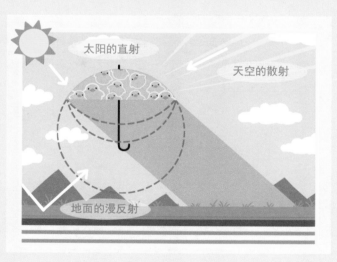

图 10—1　伞的大小对紫外线遮挡率的影响防晒伞

防晒衣

——贴心的防护选择

防晒伞虽然是许多人防晒的第一选择，但还是没办法全面照顾到胳膊的防晒。这时可以选择一款合适的防晒衣，给身体防晒放个小假——毕竟胳膊的防晒霜都免了，还能在空调房里穿着防止着凉，多重功能集于一身，妙哉妙哉。但什么样的防晒衣才是合格的防晒衣？

虽然说是块布就能多多少少挡点光，但不是所有衣服都能叫防晒衣。和防晒伞一样， UPF ＞ 40，且在标签、吊牌上标注标准编号、UPF 值、长期使用防护可能减少的三个标识，才算合格品。

防晒衣
的防晒原理

彩色棉织物

青色、红色、蓝色、绿色这样鲜艳的颜色对紫外线的隔离率最大。要注意，此类衣服是利用颜色来隔离紫外线，价格偏低，可想而知这类衣物的防晒效果很不理想。

防晒布料

防晒布料的生产原理十分简单，以在布料上涂防晒层（主要包括二氧化钛 TiO_2、氧化锌 ZnO、氧化铝 Al_2O_3、高岭土、滑石粉、炭黑等）的方法达到防晒效果，再将布料进行整理制造出来，过程中一般会使用黏合剂，这些黏合剂会在布料表面形成一层膜，一般不透气，而且手感发硬，穿着时比较闷热。

此类衣服是利用无机物对光线有较好的折射、反射、散射等性能来达到防紫外线的目的。价格适中，能够满足普通人的需求。

半透明防晒衣

薄薄的半透明防晒衣是用经过抗紫外线处理的多微孔纤维织成的，不但能够起到防晒的效果，而且多微孔构造也增加了布料的吸湿排汗性，更适合在炎热的环境中穿着。这种轻薄的防晒面料主要是化纤产品，如涤纶、锦纶、腈纶等。

此类衣服以吸收紫外线的方式使织物具有优异的抗紫外线性能。价格偏高，能够满足高强度的抗紫外线需求。

如何
挑选防晒衣

看标识

国家标准规定标签、吊牌中标识的内容可以看出防晒衣的 UPF 值，可以根据自己的需求选择不同 UPF 值的防晒衣。

看织物特点

一般而言，防晒衣的防晒性能遵循这些规律。

◆ 涤纶＞其他纤维

针对各类纤维本身来说，涤纶分子结构中的苯环具有吸收紫外线的作用，抗紫外效果最好；其他纤维比如锦纶，也就是尼龙，分子结构中含有 -CN 结构，但吸收紫外线的能力不如苯环，故而抗紫外线性能都不如涤纶。但现阶段大多数防晒衣都会经过抗紫外线整理，所以材质并不是决定防晒性能的决定性因素，常用的纤维经过防紫外线整理后均可达到较好的抗紫外性能。

◆ 面料厚的＞面料薄的

双层的布料比单层好，有比没有好，这是不争的事实，但是厚面料会带来一定的闷热感，要自己根据需求选择。

◆ 颜色深的＞颜色浅的

相关研究中讲述了衣物颜色与 UPF 之间的关系，让我们来看看其中的一些分析和结论。

红色和黑色的织物 UPF 值最好，但黑色布料的 UPF 值并不是最高，所以很多人听过的"黑色最能防紫外线"这一理论不成立；同一种颜色，深色织物的 UPF 值较浅色高。

◆ 织物结构紧密的＞密度小的

织物结构紧密，覆盖系数大，紫外线透射率低，对人体的防护作用就大。

表 10-1 不同颜色棉织物 UPF 数据▾

颜色	UPF 遮光率		相同染料浓度时的 UPF 值
	浅（0.5% Owf）	深（1.0% Owf)	
红 28	38.7	51.7	41.8
黑 38	29.8	40.2	33.7
红 24	27.6	37.1	31.3
绿 26	22.3	29.2	26.2
黄 44	18.4	28.6	25.3
蓝 1	21.5	30.2	25.5
黄 106	19.3	27.6	25.0
棕 154	22.8	39.6	24.7
蓝 86	16.2	18.6	24.0
紫 9	20.9	28.8	23.5
黄 28	19.9	29.3	21.6
红 80	17.3	24.7	20.3
黄 12	13.1	18.6	17.8
蓝 218	13.1	19.0	16.6
未染色	4.1	4.1	4.1
Owf（On weight the fabric）染整工艺中浓度以织物重量为基准，相对织物百分比。			

Q & A 防晒衣常见问题

Q:某购物平台 30 块左右的防晒衣，就满大街都是的那种，真的有防晒效果么？

A:你们觉得开发面料的小哥哥、小姐姐们就这么便宜么？虽说有一定的防晒效果，但是捂痱效果更优秀哦！

Q:防晒衣的防晒效果会发生变化吗？

A:防晒衣防晒效果都会因为洗涤的次数而慢慢减弱，直至完全失去效果。只是纯物理原理的防晒衣防晒效果更持久一些。

Q:防晒衣和防晒霜哪个效果好？

A:两者防紫外线能力标准不同，理想状态当然是两者搭配使用呀！

炎炎夏日，流汗会带走一部分防晒霜（防水抗汗型除外），日晒会分解一部分防晒成分。虽然防晒霜和防晒衣的防晒性能都会随着时间衰退，但是防晒衣防紫外线能力的衰退速度肯定比防晒霜的慢。从这个方面而言，我觉得防晒衣更好。但是从透气性和运动灵活性角度来看，防晒霜更好。

Q:防晒衣是否还可以具有其他的功能？

A:可以。比如添加荧光纤维，可以 DIY 夜晚会发光的防晒衣；再比如可以做芳香整理，得到飘香的防晒衣。

防晒帽

——让防晒也时尚

　　戴防晒帽，虽然遮挡面积不大但胜在方便，还能拗造型。跟上面两种防晒产品相同，防晒帽也需要达到UPF40+ 才算是合格产品。

　　防晒帽和防晒衣一样都是织物类防晒产品，防晒原理基本相似，挑选防晒帽，可以参考上文"如何挑选防晒衣？"，在同等条件下，可适当挑选帽檐大一点的，能有效遮挡的面积也大一些。

　　如果佩戴时间较长，建议选择透气性佳以及速干型的防晒帽。

　　同样建议搭配防晒霜使用。在我们真正佩戴的场景中，距离帽檐下方 15cm 左右的位置（大致在下巴的地方），防晒力就已经开始减弱了，如果不搭配防晒霜，是无法达到严格防晒的效果的。

晚安

结束了一天的奔波劳碌，回到家中终于能拥有属于自己的片刻宁静了。卸下妆的那一刻，就好像卸下了一天的疲惫，再舒舒服服洗个澡，慵懒地窝在沙发上看看电影、综艺，没有比这更惬意的了！

卸下整日疲惫，
科学清洁肌肤

　　回顾我们在前言中提到的"分时护理"的概念，睡前护肤的第一步就是给皮肤卸除负担。这里的皮肤，不光是指我们的面部皮肤，还包括了我们的身体、毛发。

　　现在就请各位和我一起看看丰富多彩的清洁护理产品吧！

正确卸妆，温和不伤肤

每天都想要拥有超长待机的妆容来保持时刻的精致，超防水的睫毛膏眼线笔、喝水不掉色的口红唇釉……它们给我们带来美丽的同时，也给卸妆产品带来了挑战。

回顾一下清洁的大原则：在能够洗去污垢的前提下，尽量减少对皮肤的伤害。在这个原则下，怎么把妆卸干净？如何选择合适的卸妆产品？卸妆产品多种剂型有什么差别？它们的正确打开方式是什么？下面就来好好聊一聊卸妆这件事。

什么是卸妆力？

如何判断一个产品的卸妆力强弱？面对同一类剂型的产品，判断卸妆力我们可以从两个方面来比较。

溶妆力

溶妆力主要和油脂含量及油脂种类有关，溶妆力的强弱代表了使彩妆与皮肤脱离的能力强弱和速度快慢。

洗去力

洗去力跟表面活性剂的含量及表面活性剂的种类有关，它代表用水冲洗后，产品在脸上的残留感的多少。

洗去力不是越强越好，残留的油膜感，对于干性皮肤是一种保护和滋润，对油性肌肤来说就会觉得不够清爽干净，还是要结合自己的肤质按需求选择。

溶妆力和洗去力相互之间没有必然的联系。比如，一款卸妆油，它可以快速溶解彩妆，但可能用水乳化清洗后，在面部会有油膜感残留。

总的来说，卸妆力＝溶妆力＋洗去力，选择卸妆产品不能一味地只看溶解妆容的快慢，还要结合洗去力来挑选。

卸妆产品大揭秘

说完卸妆力，再来看看卸妆产品。卸妆水／乳／油……卸妆产品类型多样，你都能分清楚吗？不同产品对应的卸妆手法你都了解了吗？让我们一起走进丰富多彩的卸妆产品吧。

卸妆水

从配方上来说，卸妆水品类大多喜欢宣称"胶束水"，其实是利用了临界胶束浓度（Critical Micelle Concentration.CMC）的概念，在溶液中表面活性剂浓度一旦高于 CMC 就相互"抱团"

成胶束状。另外，大多数卸妆水喜欢使用非离子表活，比起常见的阴离子表活更加温和。由于配方简单，它们的防腐体系相对来说也比较温和。此外卸妆水比较容易涂抹开，可以根据自己的喜好控制用量，刺激性低，使用方便。

　　水质地的卸妆产品毫无油腻感，带来清新舒爽的肤感，使用时依靠卸妆水和棉片搭配，在面部轻柔地擦拭，带走彩妆。适合日常涂抹了比较难洗的防晒类产品和面部无防水彩妆类的人群使用。但是棉片的摩擦力会对皮肤有一定的刺激，不太建议敏感皮肤使用。

将卸妆水充分湿润棉片，到不滴水状态。以从内而外、从下往上的方式轻柔擦抹面部，利用水配合棉片的摩擦力卸除彩妆，然后用水冲洗干净。

图 11—1　按箭头所示清洁

卸妆巾

　　卸妆巾其实就是卸妆水和棉片的结合，最适合外出携带或者出游使用，比较适合裸妆和淡妆人群。对于这种自带棉片的产品来说，通常含水量较高的湿巾对于面部摩擦力会小一些，但使用过程中的反复开合会造成水分挥发，并且为了保证反复开合使用后的防腐效力，防腐体系的搭建往往倾向于选择较强的防腐剂，且一般加量较高，不太适合敏感皮肤的人群使用。所以可以尽量选择独立包装的卸妆巾产品，避免了水分挥发的同时，独立包装也能在一定程度上减少防腐剂的用量。

图 11—2 卸妆巾的使用方法

需要将湿巾折叠，用手指夹住湿巾，使整个湿巾受力均匀，同样利用水分和湿巾的配合，轻轻擦去彩妆，最后用水冲洗干净。

双层卸妆

卸妆水的清洁力有限，对于不喜欢卸妆油、卸妆膏的油感的人，在卸眼唇妆时，具有双相特性的眼唇卸妆液成为了最佳选择。它结合了二者的优点，既有油的清洁溶解力，也有水质地的清爽感。

水油两相的产品，在使用前需均匀摇晃，摇晃不均匀，后期留下的水和油比例容易产生变化。一般情况下，水油比例也可以帮助我们判断一个产品的溶妆力和使用感，油相的比例高溶妆能力强，水相比例高肤感更清爽，可以作为挑选产品时的小参考。当然，虽然大多数双层卸妆名为眼唇卸妆，它也可以全脸使用，但通常眼唇卸妆产品容量较小，价格更高。

与卸妆水相似，先摇匀，再将液体充分湿润棉片，到不滴水状态，在眼唇部略微轻敷，使防水产品沾到液体溶解轻揉擦去（切忌用棉片反复揉搓），然后用水冲洗干净。

卸妆乳

卸妆乳与洗卸二合一的洗面奶比较类似，但配方设计又大有不同。卸妆乳既有水相又含有油相，感觉跟平时使用的保湿乳液一样，不同点在于油脂的选择不同，另外还含有具清洁能力的乳化剂。

卸妆乳这个品类通常卸妆能力并不会很强，不过针对成膜性较强的防晒和日常妆容完全足够，再加上配方内含有的保湿剂及滋润油脂，清洁后不容易干燥紧绷，比较适合敏感肌使用。

清洁干净双手，擦干手上水分，将卸妆乳挤在掌心处，点涂在面部，螺旋状抹开，使妆面溶解，再用水冲洗干净。

图 11—3　按箭头所示清洁

(卸妆油 / 膏)

卸妆油一般都为压泵设计，相对更卫生。卸妆油利用了相似相溶的原理，先通过油分与面部彩妆相融，再利用水来进行乳化，冲走彩妆。优点是清洁彻底，缺点是肤感比较油。

膏霜在使用过程中具有满满的仪式感，但打开之后膏体会大面积暴露，在使用时建议通过挖勺挑取，会更卫生。与卸妆油相似，高含量的油脂使它肤感略油，更适合偏干的肌肤。

油膏类产品通常需要干手干脸使用，先将卸妆油 / 膏倒入手掌心揉开温热，均匀涂抹于面部，轻柔打圈，直到彩妆充分溶出，再用双手湿水沾到面部打圈乳化变白色，最后用水冲洗干净。

图 11—4　卸妆油 / 膏的使用方法

卸妆之后
还需要用洁面产品吗？

总有不少小伙伴在卸妆之后纠结，这脸还要继续洗下去吗？这洁面产品用还是不用？

其实从本质上看，卸妆和洁面都是清洁的手段，不过是产品配方类型和表面活性剂的含量不同罢了。我们多次提到"清洁有度"，卸妆加洁面的操作，就相当于连续清洁了两次，这样容易造成过度清洁，造成肌肤屏障受损，激活炎症因子，变得敏感脆弱。所以，清洁尽量一次搞定，减少对皮肤的刺激、摩擦、拉扯，一般没有特殊说明，在使用卸妆产品卸妆之后是可以不使用洁面产品的。

不过，不是所有人每天都会化妆，需要使用卸妆产品清洁，对于一些淡妆或日常防晒，使用洁面产品清洗即可。

高效洁面，挑选合适产品

　　洁面这件事，说小不小，说大不大。无论清水清洗还是借助洁面产品帮忙，都是为了清洁，之前我们已经为大家介绍了皮肤结构、洁面方式等基础知识，现在我们来补个关于表面活性剂的小课，有了这些理论知识，才能更好地了解每一个产品。

了解
表面活性剂

　　面对配方表上奇奇怪怪还拗口的化学名称，大多数人都会生出"这都是什么鬼？！"的感叹，这种感叹在面对动辄九、十个字长的表面活性剂时更加强烈。表面活性剂都是什么来头？皂类、氨基酸类、糖苷类……这些洁面产品中常听说的表面活性剂，都有什么区别和联系？

表面活性剂什么来头？能做什么？

　　表面活性剂（简称表活）是既亲水又亲油的物质，它能一手拉住油，一手牵住水，让水油两家人和睦相处。我们的面部平时遇到的脏污通常都是油性物质，表活和它们相处融洽，但当遇到大量水时，表活就又将油拉着一同去和水玩耍了，脏污就这样脱离了皮肤。

但表面活性剂自己内部也是一个大家族，分为阴离子表面活性剂、阳离子表面活性剂、两性离子表面活性剂与非离子表面活性剂。目前阴离子表活占据了日化市场的半壁江山，其次是非离子表活，两性离子表活和阳离子表活最少。但市场占有率并不代表它们本身好或不好，只是因为它们的性质不同，各有所长，从而导致应用量有差别。

表 11-1 常见表面活性剂类型及其特性 ▼

种类	举例	特性
阴离子表面活性剂	硬脂酸钠、月桂酰肌氨酸钠等	以去污、起泡为主，主要用于洗发精、泡沫沐浴乳、液体皂等
阳离子表面活性剂	十二烷基二甲基苄基氯化铵、聚季铵盐 -6 等	也称为季铵化合物，如季铵盐和其他胺盐等，有杀菌、柔化和抗静电作用，能使头发易梳理、柔软和光亮
两性离子表面活性剂	羧基甲基甘氨酸盐、月桂酰胺丙基甜菜碱等	亲水基既有阴离子部分又有阳离子部分，在不同 pH 值介质中可表现出阳离子或阴离子表面活性剂的性质
非离子表面活性剂	单硬脂酸甘油酯、月桂醇聚醚 -1、葡糖苷类等	溶于水时不离解成离子，pH 应用范围较离子型表活广。性能往往优于一般阴离子表面活性剂（去污力和起泡性除外）

洁面产品大揭秘

回归本质，对洗面奶最基本的诉求就是清洁，但随着现代消费者诉求变得越来越高，温和清洁不伤肤的诉求越来越猛烈，这也就催生了不同特点的各种类型洁面产品。

大环境上看，曾经"霸占江湖头等宝座"的皂基洗面奶市场占有率在逐年被蚕食，氨基酸类与糖苷类后来者居上。
我们且来看看洁面产品的不同类型。

皂类洁面

　　皂基型洁面的特点是采用脂肪酸皂作为产品的主要成分，
产品外观一般比较稠厚，可能有珠光效果，使用时泡沫丰富，清
洁力强。缺点是由于清洁力过强，对干性、敏感性皮肤不太适用，
使用后可能会有紧绷感，需要注意使用频率和后续的护肤步骤，
才能起到扬长避短的效果。

　　另外，如果长期使用此类型的产品，会对其"清洁能力"
产生依赖性。而这里所指的"清洁能力"，更多的是指它带来
的满脸紧绷的干燥感，让人觉得这才是洗干净了，其他的洗面
奶总是会留下那么一点假滑，感觉冲不干净。然而这种紧绷感
跟洗得多干净其实并没有任何关系，只是皂基的脂肪酸部分和
自来水里的钙和镁发生了反应，形成了不溶于水的皂垢，才会
给我们带来这种错觉。不信的话，可以自己试试拿纯净水和肥
皂洗洗看，照样的假滑。

氨基酸型洁面

　　这类产品适用于大多数人群。氨基酸型洁面产品是以酰基氨
基酸盐作为主表面活性剂的清洁产品。其中酰基氨基酸盐是氨
基酸洁面产品的核心，名称模板为 XX 酰 Y 氨酸 Z。XX 是亲油端，
通常是月桂（酰）、椰油（酰）等长链脂肪酸；Y 通常是谷（氨酸）、
甘（氨酸）等氨基酸；Z 是亲水的钠、钾或三乙醇胺。

11-2 不同氨基酸类型洁面产品特性 ▼

氨基酸类型	特性
甘氨酸系	奶油质感，泡沫丰富。洁面后，肌肤清爽不紧绷
丙氨酸系	泡沫丰富，洁面后肌肤不紧绷
谷氨酸系	刺激性极低，洁面后，肌肤有滋润感且不紧绷
精氨酸系	易于起泡，易于清洁。泡沫丰富，洁面后肌肤具有清爽触感
天门冬酰胺酸系	有酰化反应和月桂酰化反应产物，起泡性好
牛磺酸系	泡沫绵密、细腻

乳化型洁面

乳化型洁面采用乳化体系，利用相似相溶原理起到清洁效果。因为这类产品不含有或少含有表面活性剂，所以又被称为无泡型洁面。清洁效果不如表面活性剂型洁面产品，但胜在温和滋润，在干性皮肤受众中广受好评。尤其对于敏感和受损型皮肤，这类产品对皮肤温和，可以说是最佳选择。

其他表活洁面

糖苷类表活是洁面界的后起之秀。癸基、月桂基、椰油基等葡糖苷是最近被经常提到的非离子表活。来源比较绿色天然，温和性很高，市面上许多"无泪配方"的淋洗类产品，也会采用糖苷类表活。在当今敏感肌比例越来越高的形式下，糖苷类表活自然而然也走到了前列，它们的 pH 值偏碱性，脱脂力不弱，不过价格偏高，目前还是作为配角居多，通常会与其他表活复配，既可以明显降低整体配方的刺激性，又可以达到很好的肤感。

上述几类洁面产品都是依据配方主表活分类的，而近年来越来越多的人提到的洁面泡泡，是依据剂型分类的。

洁面泡泡

洁面泡泡能单独被拎出来宣传，是因为这种剂型有其独特的优势。这类产品自带泵头，使用时，手用力挤压泵头，泡沫就从瓶口出来，再把泡沫直接用在面部揉搓。它的优势在于温和性好，安全性高，这是由于清洁成分浓度低，可以方便加入一些护肤成分，泵头直接形成泡沫，避免过高浓度的清洁成分对皮肤造成损伤，即使含皂基成分，但由于浓度低，对皮肤仍然安全。

洁面产品
认知误区

氨基酸洁面一定更好吗？

洁面产品的好坏并不能单纯通过表面活性剂是皂基或是氨基酸来判断。

如果单独拿出皂基和氨基酸表面活性剂去比较，根据各类安全性评价实验（斑贴测试／眼刺激测试等），氨基酸表面活性剂无疑是更加温和的。但消费者面对的是最终产品，它包含了原料组合和配方工艺，不仅有原料上的差异，还有配方师水平的高下之分。这就好像厨师做菜，同样的原料，经过不同的做法会得到不同的菜品。并且，即便都是同样的大米煮饭，大米之间也有品系之分。

洁面产品好不好，不仅看成分，更看配方师的能力。

作为最古老的表面活性剂，在皂基的刺激性原理被深入挖掘的同时，改良研究和技术也发展得愈加成熟，市场上已经有越来越多温和、清洁力强的皂基类产品供消费者选择。并且市场上已经有洁面产品做到了温和清洁力两不误。

皂基类产品，确实有些洗后会紧绷不舒适，但和肤质、产品有关，并不能一竿子打死。也并不是一用皂基，就会过度清洁。过度清洁，多与清洁频率、力度以及重复性有关。健康皮肤，只要使用后无钝涩感，无刺痛不适，同时泡沫和清洁力都让自己爱上洗脸的感觉，就够了。选择洁面产品时，不应该道听途说、盲目从众，一切都要以自己的肤质和需求为中心，根据自身状况科学挑选。

泡沫越多清洁力越好吗？

开门见山地说，泡沫量和清洗力完全没有对应关系。

那洗面奶泡沫量为什么会有差异？清洗力不由泡沫量决定，那由什么决定呢？

为了更好地解释这个问题，我们场景化一下，假设洗面奶是一个军队，皮肤表面的污渍是顽固的敌军，洗面奶的作战目标是攻下城墙，俘虏敌军。

洗面奶在洗涤过程中产生的泡沫就相当于攻城时的气势，进军时的酷炫阵型。一支洗面奶的泡沫多少，有两种潜在影响因素：起泡量、泡沫的稳定性，二者缺一不可。

首先得找一批看起来很凶猛的战士（主要的表面活性剂，负责起泡）。呐喊声一定要够响亮，变换阵型一定要灵活。然后再找一些助攻（稳泡剂，使泡沫持久），做他们坚强的后盾，提供充足的粮草，加油打气等，以便战士们能持久保持高昂的士气！通常这二者就决定了一支洗面奶泡沫是否丰富。

当然，军队里可能还有打退堂鼓的（消泡剂），这会在一定程度上削减气势。战士人数（表活添加量）、战士本身的身体素质（硫酸盐类、氨基酸类、皂基类起泡能力都不一样）、助攻能力（无机盐、高分子有机物等，稳泡效果也不一样）、战士的装备（pH 值等）……也会影响最终的效果，所以气势强弱（泡沫量）是一个综合指标。

但我们都知道一支有气势，狂拽酷炫的军队，可不一定能打胜仗！这就要看作战的真本事（清洁力）了。

影响清洁力的主要因素

产品的润湿能力

润湿效果相当于军队能不能靠近敌军的城墙，并攻占这个城墙。战士们要能接触到敌军，才可能带走敌军。润湿是一个很复杂的过程，不仅看自身军队实力（表面活性剂降低液体表面张力的能力和效率），还看敌军城墙的坚固程度（污渍类型），洁面和卸妆就属于攻击两种不一样的"城墙"。

城墙攻下后，就是与城内的敌军正面交锋了。

乳化 / 增溶能力

这一步就涉及乳化 / 增溶过程，表活将皮肤表面的油脂乳化后，随着水流带走。有些表活擅长攻墙（润湿表面），有些表活则擅长歼敌（带走油脂），所以通常一个配方需要几种表活搭配使用，才能很好地发挥清洁作用，正如一个军队必须要有计谋型和勇猛型的战士。

[清洁产品选择三步法]

温和表活体系：如甜菜碱、氨基酸类、葡糖苷类等等。

弱酸性配方：维持肌肤 pH 值，弱酸性的配方是不错的选择。

[含有修护肌肤屏障的成分
和天然保湿因子 NMF]

甘油、泛醇、VE、神经酰胺、卵磷脂、PCA 钠、尿素等成分都是对肌肤非常友好，且有助于肌肤屏障修护和保湿的成分。肌肤屏障功能越强，抵御外界刺激的能力越强。

提示一下：清洁力可不是越强越好哦，适中即可！

如何判断
脸洗干净没有

要回答这个问题，涉及四个"什么"：肤质是什么，洗脸前脸上有什么，洗的时候用什么，洗的力度是什么。

现在我们假设是用流动的水洗脸，且力度适中。在这种理想情况下，大家可以对照一下下方的表格，看看是否有洗干净的可能性。

表 11-3 不同面部状态不同清洗方式的清洁情况 ▼

		清水洗	温和低表活含量洁面洗	高表活含量洁面洗
素颜	大油皮	可能洗不干净	可以洗干净	没有必要
	非大油皮	可以洗干净	视情况使用	没有必要
带淡妆/防晒	大油皮	洗不干净	可能洗不干净	可以洗干净
	非大油皮	洗不干净	可以洗干净	视情况使用

有时候洁面的清洁能力够强也未必洗得掉黏附力特别好的二氧化钛和氧化锌（粉末太细腻卡在纹路里）。而许多人为了实现所谓的"深层清洁""无残留"，会在洁面时选最强力的洗面奶，下最大的力气去揉搓。但其实就算有点残留也并不会给皮肤带来严重的损害，反而是为了追求干净过度清洁才会真正伤了皮肤。

看了这么多，还是不知道不同情况用什么？下面直接上干货！

面部
清洁方案

我们可以将面部状态细分为三种：素颜、带防晒/淡妆、带浓妆。结合肤质，形成以下清洁方案。

表 11-4 面部清洁方案 ▼

	素颜	带淡妆 / 防晒	带浓妆
干性	清水 / 偶尔低表活含量洁面	可以洗低表活含量洁面 / 洗卸合一产品干净	偏滋润的卸妆产品＋眼唇卸
中性	清水 / 偶尔低表活含量洁面	低表活含量洁面 / 温和的卸妆产品	多种卸妆产品均可，凭喜好选择
油性	低表活含量洁面	高表活含量洁面 / 清爽的卸妆产品	偏清爽的卸妆产品＋眼唇卸

舒缓放松，
找到合适沐浴法

  面部清洁做好了，别忘了还有身体清洁，古人做大事之前一般会焚香沐浴，对于享有现代卫浴条件的我们来说，沐浴自是不必这么麻烦，但是要想惬意地沐浴，用好科技文明带给我们的便利，还是要下一番功夫的。

  沐浴的过程也是清洁的一部分，和洁面一样，要清洁有度，对于不同肤质，可以选用不同的沐浴产品，讲究科学沐浴。

清洁要点

干性 皮肤

　　干皮清洁的要点——温和滋养，长效保湿。

油性 皮肤

　　油皮人群可以选择洗感清爽舒适的产品，但一定要注意适度清洁的大原则。

夜间面部保养，
修复事半功倍

从头到脚的清洁之后，晚间的护肤工作开始
了。护肤之前，想想夜间肌肤特点，根据夜间肌
肤特点进行护肤。

到了晚上，生物钟基因 CP Clock 和 Bmal-1 开始占据主场，皮肤进入夜间修复模式，开始清除皮肤累积的氧化物等垃圾，修复 DNA 损伤以及白天受损的细胞，同时皮肤微循环加强，抓紧运输营养物质给前方皮肤细胞准备第二天作战。另外，晚上由于皮肤处于修复模式，皮肤屏障大门处于半开状态，所以此时如果投入关键补给品（比如 A 醇），会更容易进入皮肤，可以起到事半功倍的效果。

图 13—1　日间防御，晚间修复

修复"受损肌肤"

说起肌肤修复，就要先说说肌肤受损，我们常说，不要作死去损伤角质层，否则屏障很容易受损。其实，这只是肌肤受损的其中一种。而任何遭受了可见或不可见，急性或长期的损伤的，都是肌肤受损。

到底什么会引起损伤呢？损伤的来源可以是内源性的，比如：自然衰老、慢性炎症。也可以是外源性的，比如紫外线照射、环境污染、化学品伤害、机械力拉扯损伤。

相对的，让肌肤回到原本状态的护肤品干预，我们都可以叫作修复。

国外修复类产品的宣称词，非常明确地标识有 Repair（修复）和 Regeneration（再生），都代表对肌肤细胞或肌肤组织的修复。不过，很多有修复功能的护肤品不一定都用到明确的修复宣称，例如，宣称祛痘的产品常有微生态修复的作用，宣称抗衰的护肤品常有着抗氧化修复、抗糖化修复、胶原网络修复的作用等等。

因为我国法规原因，修复不得出现在护肤品的宣称中，市面上修复类的护肤品宣称一般为修护。我们这里讲的修复只涉及成分与功效的理论分析。

夜间 🌙 保湿修护

　　日间皮肤水通道 AQP 大量表达，早上补水保湿不能省，而到了晚上，保湿产品更多的是担当修护的角色。

　　前文我们已经讲过，皮肤屏障的健康离不开水，缺少水分，皮肤不仅会在外观上显得粗糙、褶皱，更有可能造成皮肤屏障功能的下降，使得身体更容易遭到外界的侵害。

　　最外层的角质层与外界直接接触，更容易受外界因素影响，而且角质层由完成角化的角质形成细胞组成，在一定意义上属于已经"死亡"的细胞，虽然角蛋白也能够吸水，但由于角质层并不具备应变能力，环境发生变化时无法做出应对的变化，尤其在换季时节温度和湿度下降，汗腺和油脂腺也开始休假了，皮肤顺畅"呼吸"的同时，水分的流失也是不可忽视的。

　　为了配合角质层保持含水量，我们的身体自己有以下几种策略：

　　汗腺分泌汗水，其中除了水分可滋润皮肤之外，还有大量的天然保湿因子，包括氨基酸类、PCA、乳酸盐、尿素等等，可以留住水分，大概占到角质层总重量的 20% ～ 30%。

　　皮脂腺中的皮脂细胞凋亡，破裂释放出油脂，疏水的油脂铺展在皮肤表面，可以起到封闭作用，防止水分蒸发。

　　角质细胞间脂质具有两亲性，可以形成双分子液晶膜，把水分包裹在其中防止流失，相对于已经完成角化的角质细胞组成的"砖墙"来说，细胞间脂质就像是"混凝土"一样，维持结构的坚固。

　　但到了晚上，皮肤水通道 AQP 表达受到限制，皮肤内部的水分流动减弱，这时候使用保湿功效的护肤品，主要是针对肌肤本身保水功能的补充。

皮肤的这几项机能是相互补充的，并不能相互替代，例如本身皮脂旺盛的皮肤也可能是干燥的，因为另外两项机能不足。所以"油皮不需要保湿"这个观点是错误的。

夜间
屏障修护

健康皮肤的屏障是完好的，可以自主执行上述策略，作为辅助，保湿类功效的护肤品足够，但是对于受损的皮肤屏障，虽说皮肤有自我修复能力，若是能配合屏障修复类的护肤品，屏障恢复更快，才能更有效抵抗外界侵害。

皮肤屏障不是单一指表皮层砖墙结构的物理屏障，免疫系统、神经系统以及皮肤表面的微生物和物理屏障共同构成了我们的皮肤屏障。

我们把表皮层的砖块水泥结构比作城墙，那么免疫系统和神经系统则是城墙内的居民，皮肤表面的微生物则是居于城外的友军。修复屏障，则主要就从这几方面着手。

修补城墙：逐渐补充细胞间脂质。

保境安民：已经被激活的免疫系统反应需要被降温，已经发出警报的神经系统需要被安抚。

犒劳友军：如果能同时支持下友军、维护皮肤表面的菌群平衡就圆满了。

在提高修复效率方面，最有名的是雅诗兰黛小棕瓶里的专利成分 Chronolux CB 一系列复合物，小棕瓶英文名为 Advanced

Night Repair(ANR)，我们从英文名中可以看出这是一个在夜间促进细胞修复的产品。因为细胞在夜间的修复力达到顶峰（白天是防护力为主），所以小棕瓶也利用了调节肌肤的生物钟和促进清除氧化垃圾的修复进程，而使肌肤在夜间达到更高的修复效率。

此外，Coty 集团旗下的老品牌 Lancaster 的 DNA Repair Complex 技术，还有 Sisley 在用的乌药根提取物，理论上也是通过细胞节律调节，提高皮肤的夜间修复效率。

而增加修复时间方面，自然堂休眠霜使用的雪花莲提取物，自创了"细胞休眠"技术，其本质是减缓细胞端粒缩短，帮助细胞"休息"，从而增加了修复时间。

细胞修复类的产品追求的通常不是立竿见影的效果。它在日常生活中为皮肤消灭掉微小的损伤，以免造成大的外观差别（比如衰老加速）；它也依靠恢复细胞的强健状态，维持皮肤后续的良好自愈力。

总结一下，理论上，预防大于修复，但总有防护不到位的时候，不是只有严重损伤的皮肤才需要修复，也不是要到了出现明显的不美观与不健康表现时才需要修复，希望自己的皮肤健康维持久一些的小伙伴们，都需要时刻准备着修复。

清除"皮肤垃圾"

一天下来，皮肤累积了很多的氧化物等垃圾，身体自动开启清除模式，此时，辅助一些产品，可以让肌肤"清除垃圾"的效率更高。

抗氧化系统

当氧化危机此起彼伏时，皮肤表面安然无恙，实则四面楚歌，老化加速、肤色看上去憔悴而暗沉。抗氧化成为了很多人绕不开的词。早晨抗氧化是为了加强防护，增强皮肤防御能力；晚上抗氧化则是为了助皮肤"清除垃圾"一臂之力。

在夜间，细胞抗氧化酶合成路径 Nrf2 会高效率表达。这是一套由自由基诱导的细胞自身修复体系，受到细胞生物节律调节，产生大量的抗氧化酶（超氧化物歧化酶、过氧化氢酶、谷胱甘肽过氧化物酶、过氧化物还原酶）来帮助皮肤修复白天累积的氧化压力。

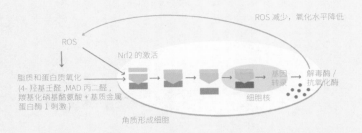

图 13—2 角质形成细胞夜间抗氧化

通过促进 Nrf2 做抗氧化产品的思路，还比较小众。雅诗兰黛曾经选择过它作为研究方向，并开发出了可以激活 Nrf2 途径的多效智妍面霜。修丽可通过白藜芦醇的 Nrf2 激活活性，开发了适合夜间使用的"肌活修复夜间精华凝露"。

蛋白酶体系统

除了多余的自由基，已经被氧化后的物质，也需要及时清理。抗氧化可以做一部分的还原工作，而"中毒已深"的物质（例如，受氧化后已变性蛋白质）需要及时地分解清理。

细胞中的蛋白酶体（Protease）系统，就是清理氧化蛋白质的"扫地僧"。这个系统会因为老化、紫外线暴露、所有形态的氧化应激（如污染、抽烟等）而发生改变。

最早玩转蛋白酶体的品牌是 LVMH 集团的迪奥。从 2010 年能激活细胞蛋白酶体的第一代赋活精粹，到 2014 年升级后能激活线粒体蛋白酶体（LON 蛋白酶体）的第二代赋活精粹。

祛痘美白抗衰，
密集修护不能少

上文说到晚上由于皮肤处于修复模式，皮肤屏障大门处于半开状态，所以此时如果投入关键补给品，会更容易进入皮肤，可以起到事半功倍的效果。

按照这个思路，晚上应该进行功效型修护，比如祛痘、美白、抗老等等。

困 扰不绝
☾ 的"痘痘"

痘痘，学名痤疮，是一种毛囊皮脂腺的慢性炎症性皮肤病，以粉刺、丘疹、脓疱等为临床特征，好发于青春期。而我们平常说的白头、黑头、闭口、开口，这些都是痘痘。

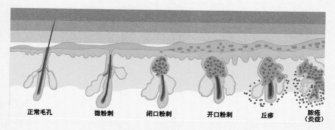

图 13—3　不同形态痘痘的结构示意图

绝大多数的痘痘都是由毛囊皮脂腺的异常变化形成的。毛囊皮脂腺，顾名思义，就是在同一个毛孔内，既产生毛发的角质，又分泌油脂。这两项机能如果协调得好，那么万事平安，皮脂能够顺利运出毛孔滋润皮肤。而一旦协调不好，也就是毛囊皮脂腺异常，就有可能产生痘痘。

引起毛囊皮脂腺异常的原因通常有两个：一个是油脂分泌过剩，一个是角质分化异常，没错，都是"工作狂"惹的祸。

多余的角质会让毛孔不顺畅，这是痘痘形成的第一步，也就是微粉刺，这个阶段毛孔在表面上看不出任何异常，但是因此会阻碍皮脂的正常出路，随着皮脂的积累，就会形成闭口粉刺，也是我们平时说的白头，在皮脂分泌旺盛的情况下这个过程会非常快。

下一个阶段就是开口粉刺，也叫黑头，黑头里的"黑"到底是什么，现在还有些争议，传统说法是外界侵入的灰尘和被氧化的皮脂，最近也有报告称在黑头里检测出了黑色素。

再往后的两个阶段就是受到感染的痘痘了，会有红肿和化脓。

容易导致痘痘多发的原因，除了前面提到的皮脂分泌旺盛和毛囊角化异常以外，痤疮丙酸杆菌（P. Acnes）的活跃会引起进一步的感染和发炎。

另外，皮脂的分泌速率直接受到雄性激素的调节，毛囊角化也会多少受到雄激素的影响，这也就是为什么大家在青春期多少都会经历长痘的烦恼。对于成年人也一样，体内的荷尔蒙是否平衡会直接影响是否长痘。

所以很多时候除了要治疗表面的痘痘之外，调理自身、遵循身体节律、健康生活更重要，平时高糖高热量的饮食习惯和痘痘多发有一定的关联，为了消化这些糖分的胰岛素，有可能影响体内荷尔蒙的平衡。

对付痘痘的策略

分析了痘痘形成的原因，那么战痘的几个关键点就很清楚了。

◆ 促进新陈代谢

首先是除掉让毛孔不顺畅的异常角质，这一点化妆品里的水杨酸很在行，由于其本身就具有一定的亲脂性，水杨酸比一般的果酸更能进入毛孔，让异常角质脱落。更有一些改性的水杨酸，例如辛酰水杨酸，具有更强的亲脂性，在毛孔内的扩散效率比水杨酸还强，效果更好，经常搭配使用。

维 A 系列也有调节角质代谢及缓解炎症的能力，视黄醇本身以及它的衍生物视黄醇棕榈酸酯等也都是亲脂的，可以深入毛孔起效果，同时还有一定的美白作用，防止痘痘脱落后的色素沉积。只是通常视黄醇产品更侧重于抗衰老，祛痘不是重点，如果是轻微痘痘且肌肤耐受的话，也可以辅助试试。

◆ 消炎杀菌

消炎对于祛痘来说其实是在两个阶段起作用，首先在粉刺阶段，还没有明显的炎症时，使用一些消炎舒缓的产品，可以有效降低粉刺进一步发展的趋势。对于已经发炎的痘痘，视严重程度就需要医生来判断是否需要用抗生素来治疗了。

除此之外，含硫产品也值得关注。硫可以促进多余的角质加速剥脱，从微粉刺阶段就消灭掉不让它形成。针对已经形成炎症的痘痘，硫也有杀菌的效果，在皮肤上的渗透力也不错，试验中 2 个小时内可以透过角质层达到表皮，可以深入控制厌氧的致痘菌。

痘痘虽然让人头疼，但想要祛除也不是一朝一夕的事，不要想着一步登天。针对严重的痘痘，不要想着自己用护肤品解决，一定！一定！一定要去看医生！

 ## Q & A 痘痘的传说和真相

Q: 长痘痘需要反复清洁？

A: 这个是可以直接判错的，长痘痘本身其实跟卫生的关联并不是很大，虽然皮肤表面被氧化的皮脂有一定的可能性会导致炎症，但是这并不代表反复清洁会有什么作用，闭口粉刺自不用说，开口的黑头里面也并不全是传统认为的灰尘，没那么容易被洗掉。

导致痘痘发炎的细菌都是厌氧菌，生活的地方要靠清洁来灭掉它们，只怕要洗掉几层皮了。过度清洁反而会造成更多的问题，比如屏障功能削弱，皮肤变得缺水、敏感，更容易刺痛、发炎。

所以说，长痘痘的时候正常清洁就好了，千万不要有"把痘痘洗没了"这种不切实际的想法。

Q: 湿热的环境容易长痘?

A: 湿热的环境下大量出汗的确会增加爆痘的几率，所以有不少人会季节性地冒痘。也有不少人在突然从干燥的北方移居到湿热的南方时会水土不服，大量爆痘。

Q: 经常用手摩擦脸部

A: 完全正确，反复的机械摩擦是产生痘痘的重要原因之一，学名叫机械力致痘（Acne Mechanica）。这方面最早的研究起源于美国橄榄球运动员的头盔痘，医生们发现橄榄球队员在脸和头盔接触的部位总是会发生严重的痤疮，进而发现了反复机械摩擦和痤疮之间的关联性。

Q: 油腻的化妆品会闷痘?

A: 有的化妆品的确会增加长痘的概率，但这个痘并不是"闷"出来的，跟化妆品是否油腻也没多大关联。化妆品中有些成分会刺激毛孔内的角质增生，代谢异常，这才是某些化妆品致痘的真正原因。

Q: 到底什么成分致痘风险高?

A: 根据美国皮肤病学会和 JAMES E. FULTON 等人基于兔耳以及人体试验的研究，这里列举几个表现出较高致痘性的化妆品原料。由于许多成分相关的检测都是用了纯的原料拿来做测试，本着不谈剂量谈毒性就是要流氓的原则，下面列举的这些致痘成分都是产品中以正常比例出现的致痘现象。

表 13-1 致痘成分及其含量 ▼

名称	含量	致痘指数	备注
可可脂	<1%	4	天然油脂不致痘的典型反例，低用量下致痘指数却很高
棕榈酸异丙酯	1%～5%	3～4	质地和分子量上看都说不上"厚重"的油脂，致痘性不低
羊毛脂	<1%	3	天然就安全的又一个反例
肉豆蔻醇乳酸酯	1%～5%	3～4	
肉豆蔻酸异丙酯	1%～5%	3～5	常见于防晒类产品
辛基棕榈酸酯	1%～5%	2～4	常见于防晒类产品
异丙基异硬脂酸酯	1%～5%	4～5	

对于致痘的成分在不同类型产品中的表现很难一概而论，以上数据也不一定全面，希望对大家选择产品有一定的帮助。

美白
℃二三事

虽说预防比事后补救更重要,但总有没做好防晒的时候,看着一天天黑下来的肤色,想要恢复以前的洁白,你也可以通过美白产品来补救一下。当然,只要健康,即使是变黑了,也是最美的。

导致皮肤变黑的因素

人体的颜色是由几种特定的天然色素决定的,决定肤色的天然色素最主要的就是我们所熟知的黑色素(包括真黑素和褐黑素),次要一点的还有 β- 胡萝卜素、血红素,以及血红素的代谢产物:胆红素和胆绿素等。

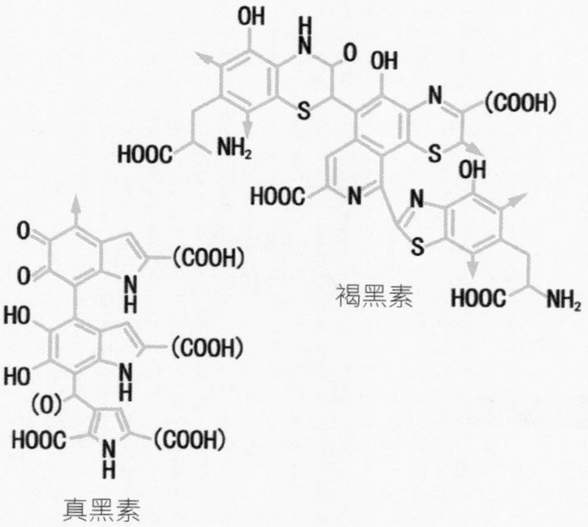

图 13—4 真黑素和褐黑素 (低聚体)

黑色素的形成过程比较复杂。所有黑色素的源头都是酪氨酸，经过多步的氧化反应最终形成真黑素或者褐黑素。生产出来的黑色素，会被以黑素小体的形式，向表皮上层运输，最终到达角质层，和角质细胞一起被代谢掉。

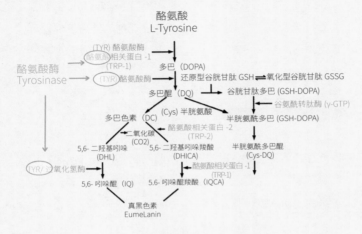

图 13—5　黑色素的形成

简单来说，黑色素就是酪氨酸被酪氨酸酶催化再经过多步氧化的结果。所以，酪氨酸酶的量和活性是决定你肤色的关键，这也是大多数美白产品的着眼点。但其实在黑色素形成与转运的过程中，还有许多步骤可以作为作用靶点。

如何对抗黑色素？

黑色素细胞勤勤恳恳的工作，却老是不被人待见。事实上，黑色素细胞生产黑色素的过程，本就是固定自由基，使其无害化的过程。它生产出来的黑色素被运送到表皮上层后，还能继续吸收紫外线保护皮肤，真是鞠躬尽瘁，死而后已。但转运到表皮的黑色素的量决定了我们的肤色，这也是许多人不愿意它努力工作的原因。

正常情况下黑色素细胞有条不紊地工作，皮肤有节奏地代谢掉黑色素，生产消耗相抵，这些黑色素也不会积压，便不会形成色素沉积。

但一遇到紫外线，黑色素细胞为了保护皮肤，就开始高强度的工作，生产出过量的黑色素；同时，紫外线使肌肤产生的过量自由基，破坏皮肤细胞组织，削弱了皮肤代谢功能。生产增大，消耗降低，黑色素肯定积压，晒黑、晒斑也由此产生。另一个无情的真相是紫外线照射还会使已经存在的色斑颜色加深。所以我们一直强调，防晒很重要！

但面对已经生产出来的黑色素，该怎么办？通过对黑色素形成机制的了解，我们可以从以下几个方面来进行皮肤美白。

减少黑色素需求

减少黑色素需求主要是指抗氧化，通过清除氧化自由基，减少黑色素细胞的工作量，同时还能减少氧化应激损伤和炎症因子的释放。这类抗氧化的物质比如我们耳熟能详的维生素 C、维生素 E、虾青素及各种植物多酚等。

抑制酪氨酸酶的活性

这是大多数美白活性物的作用原理，它们通过拟态酪氨酸，欺骗酪氨酸酶来氧化，但氧化后产物却不能被拿来生产黑色素。氢醌应该算是这个系列中的"祖师爷"了，氢醌的确有效，能美白淡斑，问题是它氧化后的产物对于黑色素细胞来说是毒药，毒死了的黑色素细胞不能再生，会留下永久性白斑。所以在绝大多数国家和地区，氢醌已经被禁止使用在化妆品中，在我国只能用于处方药。

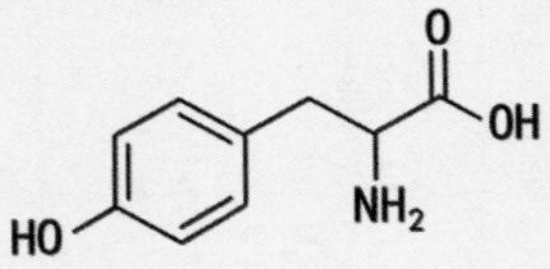

图 13—6　酪氨酸 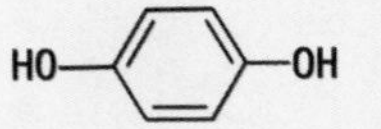　　　　　图 13—7　氢醌

氢醌不安全，但这个种类的衍生物层出不穷，如α- 熊果苷、苯乙基间苯二酚（Symwhite377）、丁基间苯二酚、曲酸等。

α- 熊果苷

最早是从熊果（BEARBERRY）中提取出来的，所以叫熊果苷。从分子式上看，就是氢醌接上一个亲水大分子（葡糖苷），能在保留酪氨酸酶抑制性能的同时，大大降低细胞毒性，有较好的祛斑和去除局部黑色素的效果。

其刺激性较维 C 低，一般一个代谢周期（28 天）能体验到美白效果，祛斑效果比较好，同时还具有修护受损、抗氧化等功效。值得注意的是，α- 熊果苷抑制酪氨酸酶的强度是其差相异构体 β- 熊果苷的10 倍，在购买产品时要对这两种构象加以区别。

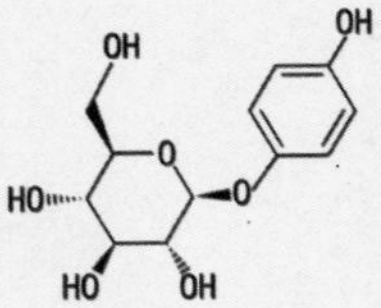

图 13—8　α- 熊果苷

苯乙基间苯二酚（377）

你可能对苯乙基间苯二酚不太熟悉，但它的另一个名字——377，早就声名远播。它主要通过抑制酪氨

酸酶的活性来抑制黑色素的形成，具有高效的美白能力和皮肤适应性。

目前国内法规对 377 的最大允许添加量是 0.5%，所以美白效果所需时间可能会比较长，国内曾有一款产品跟踪测试皮肤的 2 个代谢周期（56 天）后，收到了比较好的祛斑美白效果的反馈。

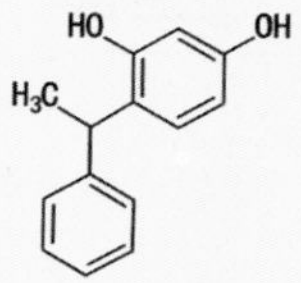

图 13—9　苯乙基间苯二酚

丁基间苯二酚

丁基间苯二酚在老大哥氢醌的基础上多了一个丁基，分子量相对其他衍生物来说更小，也因为个头小，跑得快，抑制酪氨酸酶活性的能力一流。

最早是 Pola 的专利，他们管它叫 Rucinol（噜忻诺），后来才授权给一些品牌去使用。

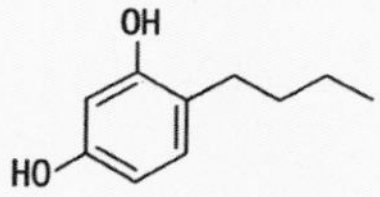

图 13—10　丁基间苯二酚

曲　酸

曲酸是日本酿造米酒的副产品，有良好的抗氧化活性，也是通过抑制酪氨酸酶的活性来达到改善色素沉着、提亮肤色的效果，目前主要是在日系产品中运用较多。

如果曲酸在配方中的添加量是 1% ～ 4%，按照之前日本的测评结果，一瓶美白精华使用完后能有明显的美白效果。

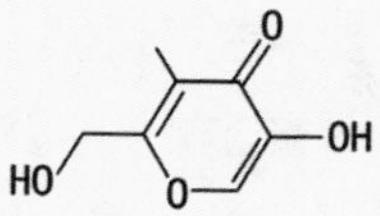

图 13—11　曲酸

◆ 干扰黑素小体转运

相当另类的美白途径，我们熟悉的烟酰胺就是通过这个途径发挥作用的。

烟酰胺

烟酰胺属于维生素 B_3，在细胞代谢中起着重要作用，其主要是通过抑制黑素小体由黑色素细胞向表皮角质细胞的转移，并且加速细胞代谢来达到美白效果，同时还有一定的控油和减少毛孔角质化堆积的作用，因此更适合油性肌肤使用。

◆ 淡化已生成的黑色素

这类成分主要涉及乙基维 C、维 C 葡糖苷等。维 C 是我们熟知的抗氧化成分，但它很不稳定，而且因为是水溶性的，渗透效果没那么优秀，所以发挥功效的能力在一定程度上会受到限制。

乙基维 C

乙基维 C 是原型维 C 改性的结果，相比于原型维 C，稳定性更好，而且亲水又亲油，渗透性也更好。乙基维 C 的美白通路主要是靠强大的还原能力将皮肤表面的黑色素还原为无色的黑色素前质。

除此之外，它还可以通过清除自由基，减少黑色素需求；对于已产生的黑色素，它通过维持皮肤自身的代谢能力，减少黑色素沉积；同时阻碍已经生成的黑色素向角质层迁移，减少黑色素累积。从生产、消耗到运输，层层把关，严防严守，非常全面。

◆ 促进黑色素代谢

黑色素的最终归宿是和角质细胞一起脱落，加速角质剥脱同时也会加速黑色素的代谢。如各种果酸、水杨酸、维 A 等。

果 酸

果酸不是一种成分，而是一类成分，最常被用到的是羟基乙酸及乳糖酸等。主要是通过加速剥脱，达到改善暗沉，使肤色均匀的美白效果。低含量搭配其他美白成分时，通过促进皮肤剥脱来达到美白效果，一般一个月左右能感觉到。但不建议干性肌肤使用，以免为皮肤带来负担，造成皮肤敏感。高含量使用时（刷酸），皮肤 10 天左右恢复之后即可感觉到嫩白效果。

注意！低剂量的此类产品主要是结合其他美白成分使用，以提高美白成分的作用效果。高剂量的此类产品有较强刺激性，一般由皮肤科医生或者具有医美资质的专业人员来操作使用。使用酸类产品，日间务必做好防晒！

水杨酸

水杨酸可以加速表皮细胞的新陈代谢，剥落的表皮中的黑色素随之被带走，从而可以在一定程度上均匀肤色。

◆ 抑制炎症色沉

当我们的皮肤受到急性伤害（外伤、虫咬等）或者慢性刺激（湿疹、反复摩擦刺激皮肤等），炎症反应使皮肤酪氨酸酶活性释放，局部黑素合成增多。由于炎症反应时常伴毛细血管的扩张，炎症后色素沉着（PIH）初期常表现为褐色的色斑伴有发红。

这种炎症性的色素沉着消褪比较慢，且持续时间久，需要 6 ～ 12 个月甚至更长。色素沉着越明显、颜色越深，消褪的难度越大，临床治疗通常会选用氢醌、壬二酸、维 A 类物质或是化学剥脱等。

所以，相比于在 PIH 形成后再去想办法解决，我们更希望直接将它扼杀在摇篮中。这里可以使用舒缓抗炎类成分如积雪草类物质。

积雪草类物质

人类利用积雪草的历史相当久远，在现代医学记录中都用了 100 多年，无论是疤痕修复、皮肤病，还是其他皮肤受损都可以用它治疗。积雪草常被叫作 CICA，不仅跟它的全名 Centella Asiatica 有关，还因其可以改善疤痕（Cicatrice），舒缓抗炎同时具有收敛血管的作用，舒敏修红用它再合适不过。据说自然界中的老虎受伤后，都会在这种喜阴植物上摩擦，促进伤口愈合，所以积雪草也称"老虎草"。

在护肤品中，通常将积雪草植株中提取的数种有效成分搭配使用，使其在各个方面发挥作用。

羟基积雪草甙：可以调节白介素，保护细胞，中断进一步发炎的道路，增强皮肤再生能力，减少皮损；还能刺激胶原蛋白的合成与多糖（如透明质酸）的分泌。

积雪草苷：促进成纤维细胞增殖，以诱导胶原蛋白合成，强化血管壁，改善微循环，减少毛细血管膨胀。

积雪草酸：加强肌肤屏障，舒缓敏感肌肤，提供抗氧化功效。

羟基积雪草酸：防止肌肤受损，加强肌肤屏障，抑制炎症，同时促进胶原蛋白合成。

总结一下，健康的肤色才是最美的，要白成一道光，更要健康，温柔对待皮肤，帮长得像小章鱼的黑色素细胞减负，让它们少生产黑色素，加快已形成的黑色素代谢，放慢黑色素的运输，健康的白白嫩嫩。

抓住
☪ "抗老"的黄金时间

岁月无痕，但她在我们脸上留下的痕迹是有规律可循的，通过了解皮肤老化进程的各个阶段，以积极的预防性手段来应对各个阶段会出现的问题，可以让我们在与岁月的博弈中从容应对。

我们是怎么变老的？

欧莱雅集团曾经在中国做过一项调查，邀请了两百多位从青少年到老年的女性志愿者，采集她们的面部数据，最后得出一组较具代表性的中国女性岁月特征显现模型。

这个轨迹模型告诉我们，中国女性的整体面部老化发展轨迹基本上从缓慢的线性变化开始。从 20 岁女性肌肤状态的巅峰开始，脸的上半部分开始缓慢地形成一些细纹，例如抬头纹、鱼尾纹和泪沟纹，这些变化基本呈线性，后期似乎也没有明显的突变；到了 30 岁时，眼周的变化开始加速，包括眼睑下垂、眼袋出现，以及横向的眉间皱纹；45 到 50 岁之间有一个转折点，脸的下半部分老化迹象开始呈指数增长，法令纹和木偶纹出现并快速增长，两颊下垂，下巴萎缩，同时较轻微的颈部皱纹也在此时开始出现。

作为中国的仙女们，在和岁月的交往中既是幸运的，也是不幸的。幸运在于，在很长一段时间内，多数中国女性的面部老化过程是相当缓慢且平稳的。然而岁月饶过谁，在 45 到 50 岁（甚至更晚）的更年期来临时，中国女性的反应就有点过于激烈了，各种衰老迹象迅速出现。

一直以来，研究人员总是着重关注衰老迹象（内源性衰老和外源性衰老）的改善和预防。我们应坦然接受皮肤的自然衰老，同时预防外源性衰老。

◆ 内源性老化

随着年岁渐长，皮肤会出现衰老迹象，即时间带来的衰老。内源性衰老是一个自然衰老的过程，在很大程度上与你的遗传基因相关。

端粒学说

承载遗传基因"代码"的 DNA 双链的末端有一段重复多次的"代码"，就是端粒。每次细胞分裂之后，端粒都会短掉一小截，当分裂次数到达上限时，端粒所剩无几，细胞到达"海佛烈克极限"，细胞也就不能再分裂下去了。

端粒的发现轰动一时，人们认为已经发现了长生不老的圣杯，只要不断补充端粒，就可以源源不断地补充损耗的细胞，一直永生下去！事实的确如此，的确有些细胞可以利用端粒酶给DNA 末端接上新的端粒片段来维持不断的分裂，癌细胞就是其中的一种。

在培养皿中的癌细胞，只要培养得当，可以不断增殖。医学界著名的"海拉细胞"就是个经典的永生细胞案例。这项实验的实验对象是来自一位美国女性的宫颈癌细胞。这位女性早在1951 年去世，而她的癌细胞至今还在不停地分裂，并为医学研究做出了巨大贡献。

从端粒理论提出至今，主要应用还在于对癌症的预诊断上，目前真正利用端粒酶达到抗衰老和延长寿命效果的方法并没有出现。

荷尔蒙生物钟

人体内激素的变化是年龄的重要表征之一，它标志着人一生经历的各个时期，影响着我们在各个时期的外表和行为。

年轻时候身体内部的激素处于比较良好的平衡状态，血液带来充足的氧气和能量物质，免疫系统也工作正常。但是随着年龄的增长，各项机能下降，皮肤享受到的"服务"也越来越差。

细胞代谢

我们的细胞在利用氧气和糖类产生能量的过程中，其实也在缓慢地"氧化"着自己，细胞慢慢地会死亡。

当然，细胞可以新陈代谢，新的"补充兵"会把"老兵"替换掉。但是随着年龄的增长，细胞的年岁也越来越大，端粒缩短，分裂能力下降，产生的"补充兵"不足，导致许多疲惫的"老兵"不能得到替换，生产各类物质（胶原蛋白、弹性蛋白等）的能力降低，我们的皮肤状态也就没那么好了。

◆ 外源性老化

主要是由外在环境压力，如阳光（影响最大）、污染、烟雾、炎症和长期睡眠不足所引发的。外源性衰老通常被称作光老化，与内源性衰老有所不同。

光老化

光老化，指日光暴晒带来的皮肤损伤。光老化的皮肤通常表现为表皮组织增厚、肤色不均（如暗斑）、深层皱纹，皮肤开始变得松弛、暗沉、粗糙，逐渐丧失弹性，引发面部下垂。

空气污染

污染物是衰老的一大助力，空气中的微颗粒会催化光老化，过氧化的有机物本身就会通过接触皮肤诱发自由基和炎症反应。

饮食习惯

爱吃糖的仙女们注意了，你吃下去的糖分可没那么老实哦。一旦摄入的糖分过量了，大量的胶原蛋白会被糖纠缠到再也分不开彼此，成了糖化终产物 AGEs。成为糖化终产物的胶原蛋白就不再拥有本身的功能和弹性，还会发黄，久而久之便会造成皱纹和皮肤暗沉。

生活不规律

这就回到了我们整本书的主题——顺应昼夜节律。不规律的生活给我们的身体带来了不小的负担，任何外用的护肤品都只能起到补充作用，想真正减缓衰老，要从健康的生活习惯做起，放下手机少熬夜才是正解。

长期的慢性压力

实验证明，长期的慢性压力会对皮肤产生永久性损伤，比如"提前老化"。精神压力造成皮肤细胞 DNA 损伤和 ROS 自由基的产生，从而加速细胞衰亡和老化。

皮肤上的各种细胞（肥大细胞、成纤维细胞、角化细胞）和各类附件（皮下血管、毛囊、汗腺、神经末梢）都会对大脑的情绪反应做出"回应"，这种回应叫作：皮肤外周压力回应。有一些在皮肤附件上的回应，是可见的。比如，紧张的时候，会出汗（汗腺回应），会脸红（皮下血管回应）。而细胞上的回应，多是不可见，但是会影响我们的皮肤状况。

你可以把它看作你的皮肤细胞跟你的一种共鸣，你的情绪扭曲撕裂，它们就会陷入泥潭；你若是云淡风轻，它们自然光彩怡人。

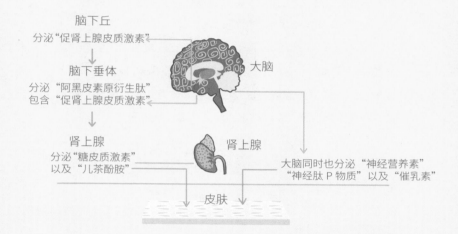

脑下丘
分泌"促肾上腺皮质激素"

脑下垂体
分泌"阿黑皮素原衍生肽"
包含"促肾上腺皮质激素"

大脑

肾上腺
分泌"糖皮质激素"
以及"儿茶酚胺"

肾上腺

大脑同时也分泌"神经营养素"
"神经肽 P 物质"以及"催乳素"

皮肤

图 13—12　皮肤在"外界压力"下的反应 Ⅰ

真皮层"成纤维细胞"：
分泌"促肾上腺皮质激素""皮质醇"
"神经营养素"和"催乳素"

肥大细胞：
分泌"促肾上腺皮质激素释放激素"
干预"促肾上腺皮质激素释放激素"
干预"皮质醇""神经营养素"
干预"神经肽 P 物质"和"催乳素"

表皮层"角质细胞"和"黑色素细胞"
分泌"促肾上腺皮质激素释放激素"
"促肾上腺皮质激素""神经营养素"
"催乳素"和"儿茶酚胺"

血管：血压升高

毛囊：几乎被填满

皮脂腺：生成"促肾上腺皮质激素释放激素"以及"催乳素"

皮肤神经末梢：分泌"神经肽 P 物质"以及"儿茶酚胺"

图 13—13　皮肤在"外界压力"下的反应 Ⅱ

肌肤的菌群

皮肤上的菌群叫作皮肤的微生态。这些细菌还分成有户口的（常驻菌）和没有户口的（暂住菌）。

常驻菌群的稳定是皮肤状态的关键。正常的常驻菌群对肌肤是有利无害的，平时会以我们的皮屑和油脂为食物，代谢出能够压制有害菌的乳酸，以及各种对人体有益的氨基酸、脂肪酸等小分子保湿因子，对于维持肌肤的最佳状态是有功劳的。

没有户口的细菌一般都是通过外界接触，比如握手、亲吻之类活动获得的，也是导致皮肤疾病的主要病原菌，所以平时勤洗手洗脸还是很重要的。

皮肤衰老的表现

随着年龄的增长，我们的皮肤会变得越来越薄，脸上也会慢慢出现细纹和皱纹，皮肤变得更加干燥，皮脂腺和皮下脂肪也逐渐流失，皮肤的弹性也逐渐不再。但这些宏观表现的背后，有着更深层次的微观内涵。

◆ 表皮层衰老

表皮层实际上由 50 个细胞层（较薄区域）到 100 个细胞层（较厚区域）组成，平均厚度为 0.1mm，大约相当于一张纸。表皮层的功能在于保持皮肤内部的水分，隔绝有害的分子。尽管表皮层中的大多数细胞都是角质细胞，但它也包含了被称为黑色素细胞的色素细胞。皮肤衰老的关键信号就是皮肤中的这类主要细胞遭到破坏并失调。例如，黑色素细胞会在皮肤中生成黑色素，并通过生成更多黑色素，将其传递给可以储存黑色素的角质细胞，从而来应对皮肤损伤。在皮肤上的表现通常是"老年斑"或雀斑。

◆ 真皮层衰老

真皮层位于表皮层下方，厚度为 1.5 ～ 4mm，大约占皮肤整体厚度的 90%，其主要功能在于调节皮肤温度并为表皮层提供富含营养的血液。真皮层中包含人体大部分的水分，大多数皮肤的特殊细胞和结构也位于此处。

真皮层中的大多数细胞是成纤维细胞，除了执行其他任务，成纤维细胞还负责合成皮肤中的主要结构性分子，即胶原纤维、弹性纤维和网状纤维。这些分子就好比"电缆"，将细胞和组织连接在一起，令皮肤紧实有弹性。真皮层的衰老通常就是从这里开始的。

如何从容与岁月博弈？

我们常说岁月静好，能让岁月安静当然最好，好在她多数时间对东方女性们展现的都是比较温柔的一面，不过她也会在你放松警惕时补上温柔的两刀，怎样挡过这两刀就成了制定合理护肤策略的关键。

◆ 时刻不忘抗氧化

30 岁之前也可以适当补充一些抗氧化的产品，例如含有花青素、阿魏酸的产品，来消弭日晒和污染物带来的损伤，防护重点在脸的上半部分：额头、眼周等。

这些护理步骤可以一直延续下去，但选择适合自己的产品非常重要，不要一味追求高浓度猛药，尤其是敏感肌的妹子们，刺激性带来的炎性反应也是造成加速衰老的原因之一。

◆ 合成胶原蛋白

胶原蛋白由正常的成纤维细胞源源不断地产生，主要分布在真皮层，能为皮肤再生提供需要的养分，促进皮肤修复，从而使皮肤保持结实并具有弹性，但女性平均在 35 岁后胶原蛋白水平急速下降。

内源性老化的皮肤中胶原和弹性纤维均表现为减少。紫外线辐射造成的光老化皮肤中胶原的减少更加明显，但弹性纤维却大量增生和变性。这些变化在皱纹早发部位（前额和眶周）更加明显，并且随着年龄的增加而加剧。

所以，我们可以从合成胶原蛋白下功夫，这类有部分多肽如乙酰基四肽以及含有"玻色因"的护肤品。

乙酰基四肽

乙酰基四肽，其实是由赖氨酸、甘氨酸、组氨酸等四个氨基酸，接了一个己酸进行了结构改造，己酸是亲油基团，使得这个四肽更容易亲肤，增加了透皮吸收，可以刺激胶原蛋白合成，从而达到抗衰的效果。

羟丙基四氢吡喃三醇（玻色因）

玻色因，作为欧莱雅集团的当家花旦，学名羟丙基四氢吡喃三醇，能促进细胞外基质里糖胺聚糖（透明质酸的前体）的合成，从而刺激胶原蛋白的新生。

◆ 强强联合，双管齐下

　　如果想让合成胶原蛋白和抗氧化强强联合，维 A（视黄醇）是最好的选择，它不但能抗氧化，还能刺激胶原蛋白新生，让真皮层变充盈。亚洲皮肤对视黄醇的耐受度普遍低于欧美皮肤，建议根据皮肤耐受度选择最适浓度：入门的人可以从 0.04% ～ 0.1% 开始，等皮肤建立耐受后，再逐步换到 0.1% ～ 0.3%。对于年龄稍长的妈妈辈，则更适合稳健打法，选用 0.04% ～ 0.075% 的视黄醇为宜。

　　无论如何，美丽都绝不是单一的，因岁月而造成的一点点沧桑，也未尝不是一种美。毕竟曾有多少人爱你青春的容颜，假意或真心，唯有一人爱着你美丽的灵魂，爱你衰老的脸上的皱纹。

［注 意］

　　维 A 醇相当容易受到紫外线的激发而发生氧化和异化反应，产生有刺激性并会损害肌肤的自由基。切记，不能白天使用！！

夜间身体护理——
兼顾全身的保养法

　　一个精致的人，她的美不仅仅只看脸，身上的肌肤同样
重要。我们的肌肤忍受着夏天出汗之后的油腻，冬天寒冷环
境下的干燥……"面子工程"做到了满分，身体肌肤的护理
也得赶快跟上啊！

干燥起屑

秋冬季节，随着落叶一起到来的，还有身上的皮屑。

　　皮肤是身体最大的器官，不过身体的皮肤比脸部更厚实些，更耐得住外界各种刺激。秋冬季，大家喜欢泡热水澡，水温越高，泡澡时间越久，就越容易加速皮肤水分的经皮流失，让干燥来得更猛烈。随着温度、湿度的降低，皮肤上的皮脂和保湿因子都会大幅减少，锁水能力的降低带来了干燥和瘙痒，年纪大的人，因为皮肤新陈代谢能力和锁水能力的降低，这种情况会更严重。

如何
改善干燥起屑？

　　干燥总是和瑟瑟的秋风一样来的猛烈，如何应对干燥，给皮肤滋养呢？我们需要好的沐浴习惯以及合理使用一些保湿产品。

科学沐浴，养成良好沐浴习惯，已在前文讲述过，这里不再赘述，具体可参考前文"良好沐浴习惯"。

对于容易干燥起屑的人群来说，沐浴产品可以选清洁力稍微弱一些的，氨基酸类或者甜菜碱等两性表活都是不错的选择，滋润的沐浴油也可以选择。

不仅是冬季要注意，其他季节也要养成好的沐浴习惯。

身体保湿

身体的保湿策略和面部保湿策略相同，都是从下面几个维度来选择保湿剂。

表 14-1 保湿成分 ▼

类别	代表原料
油脂类成分	凡士林、橄榄油、杏仁油等
吸湿性成分	甘油、氨基酸、吡咯烷酮羧酸钠、乳酸等
亲水性成分	透明质酸、硫酸软骨素等
修复性成分	神经酰胺、维生素 E 等

◆ 身体乳

选择基础保湿或是屏障修护类的产品，身体皮肤面积大，建议挑选容量大的，方便使用。

◆ 润肤油

如果身体特别容易干燥，还可以选一些润肤油。润肤油主要由一些矿油或者植物油组成，有的会添加些功效性成分；可以搭配身体乳使用，也可以单独使用。

皮肤瘙痒

伴随着干燥起皮而来的，一般还有痒。干燥会痒，看到密密麻麻的图片也会痒，这是两种不同的痒，一般干痒我们称之为皮痒性的痒。

皮肤
瘙痒的原因

通常来讲，造成"皮痒"的原因可以分为以下几种。

生物叮咬，比如蚊子叮咬。

免疫应激反应，比如接触了山药、柳絮、花粉等过敏原。

慢性皮肤问题，比如莫名其妙的干痒脱皮。

它们之间，看似不同，其实都是同一个家伙——组胺在使坏。

组胺（学名：组织胺，Histamine），看它的结构像不像一只讨厌的蚊子？虽然化学结构简单，却几乎是所有化学痒的终极缔造者。

皮肤受到一些刺激之后，产生炎症和过敏反应，免疫细胞（包括一些受到伤害的普通细胞）会自己产生组胺。同时，一些炎症因子，会促进组胺的产生，也就是为什么很多带有炎症的皮肤问题（皮炎湿疹、皮疹疮痂，包括肌肤敏感时的微炎症）

都会伴随着瘙痒状况。

所以,皮痒,不是因为妈妈好久没打我了,很多时候是因为组胺＋各种炎症因子组成的"皮痒大礼包"。

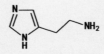

图 14—1 组胺

冬季
☾ 皮肤干痒

这里着重提一下冬季皮肤干痒,和春季多发的花粉过敏导致的痒不同,冬季肌肤痒的主要原因不是外界突然增多的过敏原,而是干燥引起的我们皮肤本身的防御能力下降。

冬季环境干燥,不做好保湿措施容易引起皮肤角质层缺水,而角质层缺水又会带来瘙痒,即使没有外界的刺激,角质层缺水也会刺激下面的肥大细胞分泌组胺和类胰蛋白酶,两个都是瘙痒的来源。

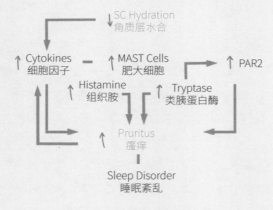

图 14—2 瘙痒的成因

前文讲过，皮肤角质层屏障功能会因干燥而减弱，角质层屏障功能下降和缺水是个恶性循环，角质层的角质细胞其实是没有细胞核的蛋白质"砖块"，中间充斥着裹挟水分的结构性脂质作为"水泥"。在缺少水分的情况下，这些已经基本走完生命周期的角质细胞很难发挥自身应有的屏障作用。

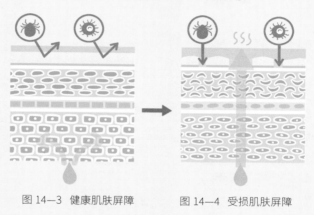

图 14—3　健康肌肤屏障　　　　图 14—4　受损肌肤屏障

不知道大家有没有听说过这样的说法："你的皮肤之所以拍我们的水会痛，是因为它太缺水了，痛就说明水补进去了。"

这是句以偏概全的鬼话，因为你的皮肤屏障功能下降了，产品中的水的确会进去，但刺痛说明这些自由水不仅干扰了细胞膜的正常渗透，还带进去了刺激性物质，例如防腐剂、香精等功效成分，才会导致刺痛感。

这个时候需要补充的并不是来去自如的水分，而是要补充天然保湿因子和细胞间脂质，修复屏障。天然保湿因子比较简单，像甘油、PCA、糖类等小分子都可以结合大量水分，在护肤品中也相当常见。要做到实实在在的屏障修复，就需要修复包裹水分的脂质屏障。

如何
缓解皮肤瘙痒?

不要自行使用激素

不得不说,最简单粗暴又有效的止痒抗敏成分是激素类。固醇类的激素(可的松)不但能快速收缩血管,抵消组胺和炎症作用,还能让皮肤产生愉悦感。但是,使用激素抗敏止痒的副作用更大,后患无穷,除非医生指导,别自己用。

管住手,不要挠

挠痒调控之初,是保持机体的感觉平衡,所以能感觉到:不但不痒了,而且好舒服。但是抓挠行为,可以同时刺激痒信息的传播放大。结果就是越痒,越抓,镇痛和促进痒的神经递质就分泌越多。所以会越抓越痒,破皮出血,得不偿失。

快速舒缓、清凉、滋润

如果说挠痒是用轻微的痛赶走痒,那么我们还可以用"清凉""麻酥酥""滋润放松"等舒适的感觉对付急性痒。带来快速麻感/清凉感的薄荷醇等凉感剂、让表皮舒适润泽的舒缓型油脂或者尿囊素,都能派上用场。

一物降一物，除了激素，大自然也赐予了我们一些天然的抗敏成分，可以相对安全地控制炎症和组胺释放，比如：黄芩中提取的黄芩苷；积雪草中提取的羟基积雪草苷；辣薄荷中提取的黄酮；甘草中发现的甘草酸二钾；紫草中提取的紫草素和乙酰紫草素……含有这些成分的产品一般会有镇静舒缓抗炎的功效。

修复：屏障修复，菌群平衡

对于长期的皮肤瘙痒，反复发作的干痒脱皮，更需要解决的是屏障损伤或者屏障不良问题，还有一些是微生物的问题。只有做好屏障修复＋菌群平衡，反复的痒才会真正褪去。

身体长痘

前面我们已经讲过，形成痘痘的先决条件是皮脂和角质代谢异常，所以痘痘多发于毛囊和皮脂腺共同存在的部位，也就是脸部、胸部、肩膀以及上背部。

身上长痘的对抗策略也和面部类似，从促进新陈代谢和消炎杀菌着手，不过由于身体皮肤较面部厚，没有脸上的那么精贵娇嫩，可以尝试一些更猛一点的手段。

如果身上痘痘的数量不多，可以直接使用面部祛痘的产品；但如果数量稍多或面积略大，此时用面部产品成本略高，可以选择身体专用的产品；更严重的情况就需要去看医生了。

水杨酸——促进新陈代谢

过氧化甲苯酰（BPO）——消炎杀菌

硫——促进角质脱离＆杀菌

胸背部常见的"痘痘"只有少部分是痤疮，大部分是真菌性毛囊炎，对于这部分"痘痘"可以就医处理。

鸡皮肤

　　除了痘痘之外，鸡皮肤也是令人烦恼的小毛病之一。

　　鸡皮肤，学名毛周角化病，是一种常见的皮肤良性病变，是由遗传因素引起的皮肤毛囊角化异常。虽然它是小毛病，《临床皮肤病学》上也明确指出"一般不需要治疗"，但对追求精致美丽的男孩女孩们来说成了心里过不去的坎儿。

　　由于是遗传因素导致，想"根治"是很难做到的，但我们可以想办法缓解它。毛周角化的原因是毛囊角化异常，产生了过多的角蛋白，在毛囊周围形成了塞车，把一些皮脂也堵在里面，形成一个"栓塞"，像盖子一样盖在毛囊的顶部，就形成了一颗一颗的"鸡皮"。

　　所以，我们就从这些多余的角蛋白下手，通过适当去角质来进行改善。但是，这个前提是——皮肤屏障功能健全。因为不是所有人都需要去角质，过于频繁地去角质会损伤我们的皮肤屏障功能。

去角质
的原理

　　说得简单点，就是破坏与重建。角质层的砖墙结构，一旦年久，就不再像原来一样完整了，有的砖块已经掉落，有的摇摇欲坠，不给新的砖块腾地儿。这时就要用去角质的办法，拆掉老旧角质细胞，给新的细胞腾出位置。

　　根据剥脱深浅可以分为：浅层剥脱、中层剥脱和深层剥脱。浅层剥脱只是把表面的一层砖块拆掉，因此重建时间短，但达到的改善也较为有限。而随着摧毁的层数越多（剥脱程度加深），重建时间越长，不良反应，比如刺痛、瘙痒和泛红等越大（毕竟皮肤可是身上的一部分，遭不住这么拆的），效果也越明显。

常用的
去角质方式

生物酶解法

　　就是添加相关蛋白酶，比如类组织蛋白酶等，作用于相关蛋白质使角质层脱落。酶解法的优势在于温和、高效，由于分子质量较大，不会钻进皮肤造成刺激。缺点在于酶发挥作用要在合适的环境（pH 值和温度等），想长时间保持酶活性不那么容易。

物理摩擦

　　最简单的应用就是搓澡了，当然还有各类磨砂产品；物理去角质的优点是损伤相对较小，见效快，摩擦到哪里角质就去

到哪里。但假如摩擦得狠一点或者频率比较大，也是
挺粗暴的，且长时间效果不如化学手段。

化学剥脱

一般是通过各种酸类进行，果酸是最常用的化学
剥脱剂，且有多种类型。

表 14-2 常见酸类化学剥脱剂 ▼

种类	代表	作用
α 羟基酸 (AHA)	甘醇酸	分子量小，能松解角质层细胞间桥粒，调节角质更新过程，疏通毛孔，加速皮肤新陈代谢，使毛孔视觉上更加细腻；刺激真皮层胶原蛋白再生，延缓衰老，淡化细纹；刺激真皮层黏多糖合成，紧致肌肤，提升饱满度
多羟基酸 (PHA)	葡萄糖酸内酯、乳糖酸、麦芽糖酸	拥有多组组羟基（亲水）基团，相对 α 羟基酸，增强了保湿性能，在强健屏障、抗氧化方面也颇有一番作为，同时更加温和
醛糖酸	乳糖酸	保湿性能进一步提升，兼具 AHA、PHA 的作用。还可以螯合皮肤内各种离子，起到抗氧化、保护胶原蛋白及美白的作用
水杨酸 (SA)	水杨酸	在化妆品和皮肤病学文献中，水杨酸 (SA) 通常被描述为 β 羟基酸（BHA），但分类并不正确，在水杨酸中，羟基和羧基直接连接到芳香苯环上，不是沿着线性的碳链，和标准的 β- 羟基酸稍有区别。与 AHA 相比，水杨酸的亲脂性苯环使得它可以深入毛孔深处和含脂质多的角质层发挥作用。因此在减少黑头和预防痤疮方面，水杨酸的效果胜过 AHA

但它们都不适合屏障薄弱的皮肤。普通人也一定要谨慎使用，因为当使用浓度过高，或配方没有做好成分的攻守搭配时，也容易造成皮肤屏障损伤。

市面上还有一些去角质膏，搓起来起泥条的，看上去是很爽，其实搓起来的根本就不是角质。我们角质层很薄，根本不可能搓下来那么大一堆泥条，它们其实就是产品里本来就有的高分子聚合物，可千万别被它们蒙骗啦。

身体脱毛

每当露胳膊露腿儿的季节来到，腋毛、腿毛这些毛发都会让许多小仙女困扰不已，在她们看来，这就像夏季变美路上的拦路虎、绊脚石，简直不能忍啊！

但其实在审美多元化的今天，我们也可以保留做自己的权利，谁还没有点体毛呢，这些毛发本身都无伤大雅，不必纠结。不过如果出于自身需求，有脱毛的想法，我们也有许多方法。

了解 多毛症概念

皮肤医学上的多毛症其实有两种。

第一种是毛发异常（Hirsutism），特指女性，毛发长在了本不该长出的地方，例如唇上、下巴、胸前、腹部、背部等等这些通常只有男性才会长毛发的位置。

第二种是毛发过度旺盛。对于"过盛"的定义就比较宽泛了，有时是腿部或手臂的毛发过于茂密，有时是原本应该纤细无色的汗毛长得太粗太黑。

多数情况下医生并不认为是问题的状况，对于盼夏天盼了几个月的小姐姐们，是绝对无法接受的。于是各种除毛的方法便应运而生了。

如何
有效脱毛?

一提起脱毛，大家是又爱又恨。脱毛方式那么多，从简单的刮毛刀，到贴片脱毛，再到脱毛膏，便宜又方便，但效果不尽如人意，要么很疼，要么很麻烦，要么有一定操作风险。

那么，各种脱毛方式到底怎么样？到底如何才能正确解锁脱毛变美大法呢？接下来我们就来说说毛发与脱毛这件事。

物理脱毛

◆ 刮毛

选择基础保湿或是屏障修护类的产品，身体皮肤面积大，建议挑选容量大的，方便使用。

原理特点

像男士们刮胡子一样把它剃掉，这种方法简单方便，性价比高，副作用小，只要小心不弄伤皮肤，也不会带来什么痛苦。

缺点

不能根本性除毛，需要反复刮，且因为刮掉了前段细软部分，容易造成"刮毛之后长出的毛越来越粗"的错觉。

◆ 蜜蜡除毛

原理

无论用蜡，还是用糖，都是把毛发成片粘住然后一次性撕掉。比刮毛效果持久（维持一个月左右），再生毛发看起来也不会显得更粗。

缺点

只要用过就知道，蜜蜡脱毛太太太太疼了。并且如果后续护理不慎，容易引起毛囊感染。

化学脱毛

◆ 除毛药剂

原理

化学除毛剂通过打开毛发的各种键合，达到让毛发脱离的效果，通常是较强碱性的药剂（pH 值为 11 ～ 13）。常用的原料有巯基乙酸盐和硫甘醇，比如薇婷的香氛凝萃脱毛膏。

缺点

由于这些药剂攻击的目标是角蛋白，所以除了毛发，皮肤也会遭殃。同时由于碱性强，过敏和灼伤的风险都是有的。

◆ 漂白法

原理

这类方法比较另类，严格说来算不上除毛的方法，但是对于小规模的变黑汗毛，效果还是不错的。例如女生嘴唇上发黑的汗毛，既不好剃掉，用其他办法也费力。漂白通常是用双氧水，把毛发淡化成黄色。

缺点

双氧水对皮肤有一定的刺激性，不是太推荐使用。

光电脱毛

◆ 医用激光脱毛仪

原理

激光脱毛利用了毛发内黑色素的吸光发热性质，达到选择性攻击毛囊的目的。简单来说，就是黑色素特别容易吸收特定波长的光线，并将光能转化为热能，所以黑色素集中的毛发内就会瞬间积累大量的热量，进而破坏毛发生长的基地——毛囊，解决毛发一劳永逸。

缺点

激光脱毛的特点也造成了它一定程度的局限性，它需要依赖毛发颜色和肤色的对比度，也就是说，毛发越黑，皮肤越白，激光除毛的效果就越好。相应地，肤色较黑，或是毛发呈金色或银白色的人，激光除毛的效果就相当有限了。并且，黑色素吸收光能转化为热能的过程通常会让人感到疼痛，当然，现在"冰点脱毛"的技术已经将疼痛降低了许多了。

另外，在医院脱毛最大的麻烦，除了价格贵之外，就是需要花大量时间和精力，反复地往医院跑。但在医院操作更加专业可控，还能根据具体情况制定脱毛方案，所以肯定是更加有效的。

◆ 家用脱毛仪

由于借助光能除毛不要求精准手法，能量输出低的话又没有太大风险，所以市面上也出现了许多家用脱毛仪，自己在家使用也方便。

原理

这类家用脱毛仪的技术主要是激光或强脉冲光（IPL）。

激光脱毛我们都懂，但为什么要用强脉冲光？

主要就是为了降低痛感。我们已经知道，在医院的大型设备上，"冰点"技术降低了激光脱毛的痛感。但家用脱毛仪的小体积，限制了"冰点"技术的发挥。怎么办？最终找到了强脉冲光替代激光。

激光技术是用单一波长的光（激光），而 IPL 是用从红外到可见光的全波段光照射（没有紫外），这就好比用激光枪和散弹枪打靶一样，激光枪能量集中一打一个洞，散弹枪一枪可以把靶子打得千疮百孔。同样多的能量，激光打在一个点上，IPL 分散在很多点上——这样 IPL 就降低了皮肤的痛感。另一方面 IPL 是脉冲光，是一闪一闪的光，不是一直照射的，这样避免连续加热皮肤，造成伤害。

缺点

家用仪器输出功率远不能跟专业设备相比，但多次反复使用的效果还是不错的，哪怕用到最高的档位，发生红斑的概率和严重程度也会下降许多。当然，也需要认真按照使用说明书来操作，不要想当然就直接拿来盲目使用。

Q & A 家用脱毛仪实用问答：

Q：使用脱毛仪前，需要做什么准备？

A：首先必须要刮毛。如果直接用脱毛仪的话，毛部黑色素最明显，能量都作用在体表以外的毛发上，所以直接使用脱毛仪就相当于烤毛了。而且，毛发烧焦后，容易附着在仪器表面，甚至造成仪器的损伤。

所以，一把合适的刮毛刀很重要。因为有些刮刀，对毛发去除效果不太好，也可能会引发毛囊炎。为防刮毛刀伤到皮肤，也要配合使用一些润滑剂。但不建议使用脱毛膏，会对皮肤屏障有一定伤害。

Q：是否有烫伤可能？

A：每个人对于热的忍耐度是不一样的，没有什么办法来量化，如果用了脱毛仪感觉烫得受不了的话，也可以寻求其他的脱毛方法。

Q：是否会脱不干净毛？

A：毛发的生长呈周期性，激光脱毛只能使部分毛囊失活，需要一段时间的使用才能达到永久脱毛的效果。

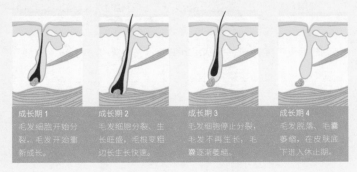

图 14—5　毛发生长周期

脱毛
后的养护

　　使用一些脱毛方式后，脱毛后的皮肤会比较脆弱，在这个时候要使用镇静舒缓的产品。像配方简单的身体乳就可以了，一些保湿类的精华都可以用。

　　如果皮肤特别敏感，也可以用 QV 小老虎面霜、Aveeno 舒缓乳霜等等，或者是把喷雾放在冰箱里冷藏一下再使用，也有很好的镇静舒缓效果。

　　最后，关于脱毛这件小事，看上去非常简单，但实际上，也是需要花费时间与精力去做的一件非常系统的事。毕竟毛发的生长与脱落，不是按照我们心意来的，而有着它自己的规律。假如违背本质，而只是寄希望于一步登天的脱毛法，那么结果肯定也不会让人太满意。

拒绝毛糙脱发，
寸寸青丝皆为美

身体躯干上的毛发折腾完了，还有头顶的毛发要折腾，对于躯干的毛发恨不得一根没有，但是换到头发，完全就是另一种想法了，为了造型各种折腾头发，由此也给秀发带来一系列问题，干枯毛糙、落发脱发，我该拿你怎么办？别着急，且往下看。

头发毛糙，关键在发质受损

乱糟糟的头发，怎么梳理都不顺畅，像是顶着一头乱草在行走，烫染后尤其严重，这个时候要考虑下是不是头发受损了，导致头发干枯分叉。

头发 受损的原因

在前文讲述头发的"培根卷"式结构时，我们说到了头发的损伤——毛鳞片（培根卷）原本紧贴在头发的表面，由于过度清洁、烫染和过热的风吹干，逐渐放松了警惕，慢慢张开了。一旦张开，头发保护自身的能力就减弱了，从而进一步导致毛鳞片（培根卷）的松散，内部毛皮质（金针菇）也就散开了，分叉也就形成了。

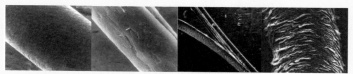

图 15-1 健康头发　图 15-2 毛鳞片松　图 15-3 分叉头发　图 15-4 严重受
　　　　　　　　　散头发　　　　　　　　　　　　　　　　损头发

我们可以看出，分叉真正的原因就在于头发皮质层的受损，而且是极度受损，还是不可逆的那种。要让头发不分叉，还是要从保护毛鳞片开始，毛鳞片就像一座城的城墙，一旦城墙被攻破，就会快速溃败。除此之外，一些化学损伤（比如洗发产品中的表面活性剂或者染发产品）会直接对皮质层进行渗透，并造成头发纤维蛋白的松动以及脂质体的流失。

而头发受损的主要原因分为三种：自然、物理和化学受损。

自然受损

紫外线会造成毛小皮（毛鳞片）开裂，令内部更容易受到伤害。

物理受损

◆ 暴力梳发

头发平均每月生长 1cm，每根新发可以生长 2～7 年。如果头发长度为 30cm，发梢的头发已经是三岁"高龄"。假设每天梳 2 次头发，每次梳 10 下。三岁的头发就要被梳理 $2×10×365×3=21900$ 次。

此时，如果再用暴力手段梳发（尤其是逆梳），则会对发丝产生严重损伤，大家可以想象一下刮鱼鳞的场景。

◆ 吹风机使用不当

湿发的时候，毛小皮上的鳞状结构是打开的，这个时候吹头发，会增加发丝之间的摩擦，对毛小皮造成损伤。此时高温吹发，对毛皮质也会造成伤害。

化学受损

◆ 烫发受损

　　毛皮质主要由角蛋白组成，多肽链通过侧链键（氢键、盐键、缩氨酸键、范德华键和二硫键）合在一起，形成角蛋白纤维，这些键协同作用，使得头发产生弹性。烫发过程发生的反应较为复杂。目前，二硫键理论最为大家认同，主要分为两个阶段。

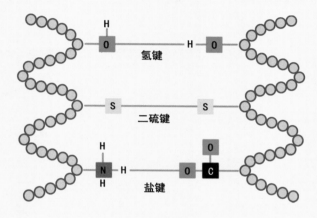

图 15-5 烫发受损

　　一是巯基化合物的还原作用破坏 30% 左右的二硫键。通常加热会使得二硫键破坏速度加快，大家回忆一下，烫发的时候是否有加热这个流程？

　　二是氧化反应产生新的二硫键。新的二硫键使得头发在固定位置发生扭曲，卷度由卷发棒的直径和"Tony 老师"的手法决定。

　　烫发过程对毛鳞片损伤较大，打断了最最坚固的二硫键。属于对头发深层的损伤。烫发后一定要注意头发护理工作。

◆ 染发受损

　　染色剂通常可主要被分为非氧化性和氧化性两大类。根据染色
效果时长又可分为暂时性、半永久性及永久性染色剂。

图 15-6 暂时性染发剂机理　图 15-7 半永久性染发剂机理　图 15-8 永久性染发剂机理

　　暂时性染发剂：暂时性染发剂中的有效成分通常为水溶性大分
子酸性染料，安全性较高。

　　半永久性染发剂：半永久性染发剂（非氧化性或氧化性），
分子尺寸小于暂时性染发剂的有机物分子构成。其作用机制为颜
色沉积。

　　永久性染发剂：永久性染发剂由于其染色效果佳、着色持久且
耐清洗等优点，染料分子尽可能地渗透进入毛皮质，使得染色更持
久。永久性染发剂含有的致敏成分较多，大家要避免踩雷。

◆ 烫染双重打击

　　去美发店烫发或者染发，"Tony 老
师"出于某些原因总会说烫发之后染
发效果加倍，烫染组合有优惠，这个
时候，不管是不是优惠，先考虑下
烫染对头发的伤害。在烫发后，头
发毛鳞片打开，染料分子确实更容易
沉积在头发上，或者进入毛皮质。"Tony

烫发、染发产品
在使用前最好在耳后
做一下实验，看看是
否过敏。

老师"说的染发效果会更好是真的。可是头发真的是在经历了严刑拷打之后，又被撒了点盐，于心何忍？

如何
补救受损秀发

自然受损发

    头发也需要防晒：欧美系有很多发用防晒喷雾（卡诗、欧舒丹、馥绿德雅），妈妈再也不用担心我晒伤头发了。

    也可以采用物理防晒方法：戴帽子、使用遮阳伞，头发防晒的同时，肌肤也可以防晒。

物理受损发

◆ 梳子

    工欲善其事，必先利其器。使用靠谱的梳子，减少对头发毛小皮的损伤。重要的事情说三遍：不要逆梳！不要逆梳！不要逆梳！

◆ 电吹风

    适度吹发。尽量擦干头发表面水分再吹，调低吹发温度。

化学受损发

◆ 不要短时间内频繁烫染发

    选择烫发技术专业点的发型师很重要。每个人发质不一样，烫发前护理、烫发剂用量、涂抹技巧、反应时间、卷杠力度、定型时间都有所区别。

毛小皮是无法复原的，但是它可以修复。因此，使用添加调理剂的护发产品可以对头发进行修复。护发产品就像油漆工，看到头发哪里破损了，翘起了，就涂点儿油漆（调理成分）上去，使得毛小皮顺滑。头发看上去柔顺光泽。

修复类发品

整个毛干（发丝）就是"金针菇培根卷"的结构，其实并不具备生理机能，即不具备自我修复能力。既然我们的毛小皮牢牢地保护着头发不受损伤，头发又是死细胞不具备修复能力，那么我们用的那些修护秀发的产品还有用吗？

当然有用！

毛鳞片和毛皮质可以看作是通过细胞膜复合物（Cell Membrane Complex，CMC）黏合在一起，这些 CMC 是由像胆固醇、神经酰胺、18-甲基二十烷酸等一样的两亲性脂质和水、蛋白质形成的层状复合体，能保护毛发免受外部的物理化学刺激，并且有三种不同的类型：毛鳞片 - 毛鳞片 CMC、毛鳞片 - 毛皮质 CMC 和毛皮质 - 毛皮质 CMC。

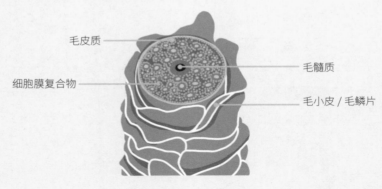

图 15—9　发丝横切

相关研究结果表明，CMC 的结构有三层 b - layer - d - layer-b-layer。它就像链接内部结构的混凝土，也是其他成分能够通过毛小皮进入毛皮质的通道。

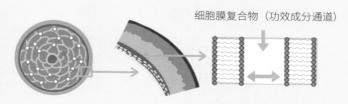

细胞膜复合物（功效成分通道）

图 15—10 CMC 结构

作为一个决定是否能够让功效成分进入毛皮质的重要关口，CMC 越宽，功效成分进入的越多，保护发丝的能力就越好；CMC 越窄，功效成分进入得越少，保护力就下降。

所以，修复受损头发的主要策略如下。

选择温和清洁的洗发产品，减少毛发中的有效成分洗脱。

选择含有高调理性能的洗护发产品，能够抚平毛小皮，同时扩张 CMC 渗透通道，使"营养"成分能够通过毛小皮 CMC 渗透到毛皮质，从根本上对发丝进行修护。

◆ 护发素

护发素中不含有洗发水里面那些大量的表面活性剂，有效的护发成分不那么容易被水带走，可以更多地停留在发丝表面而起修复作用。

◆ 发膜

发膜给人一种强烈的仪式感，相比于护发素停留时间更久，功效性能发挥得更久一些。

◆ 精油

护发精油可以让头发不那么毛糙，柔顺有光泽。

为什么头发越来越少？

秋天是万物凋零的季节，你的头发也不例外。脱发问题，超越了头屑，赶上了干枯，成为最重要的头发问题。

分清
掉发与脱发的区别

头发的生长周期分为生长期、退行期和休止期。从退行期开始，毛发停止了生长。但这个阶段它还待在脑袋上，熬到了休止期，毛干就脱离毛囊逐渐脱落。脱落以后，毛发还会再次进入生长期。在正常生长周期里，掉发和新生发会同时进行。处于休止期尚未脱落的头发，在梳理时，受力会促进脱落。头发，就是这样掉落的。

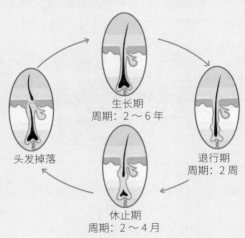

生长期
周期：2～6年

退行期
周期：2周

休止期
周期：2～4月

头发掉落

图 15—11 头发脱落全过程

掉发的模样都是相似的，可秃头的脑袋则各有各的特点。有的人没有秃却以为自己秃了，有的人秃了以为自己……还没那么秃，所以，还需要判断自己到底是掉发还是脱发。

数头发

判断是脱发还是掉发，先低头数数落发。每个人大约有 10 万根头发，每天能够长 0.3 ～ 0.4mm，正常掉发的发量是 30 ～ 100 根。虽然有的女生头发一抓就掉下来一大把，但可能是因为头发长，看着量大，可以数一数，看看枕头、梳子和浴室的掉发数量，好让心里有个数。如果出现远高于平时的掉发现象，且有了明显的发迹线后移，以及头发出现稀疏现象，就需要注意是不是脱发了。

拉头发

通过临床判断是否脱发的测试方法也有很多，最为常用和方便的就是拉发测试：（测试前一天不要洗头发）用拇指、食指以中等力度捏起一束 50 ～ 60 根头发，沿头发纵轴缓缓地向外拉。注意拉头发的力道要轻，对待头发要像初恋一样温柔。如果多于 10% 的头发（5、6 根以上）被拉出，即为拉发试验阳性，表示有活动性脱发。

了解 脱发原因

就算分清了掉发和脱发，也还是想不通，好好的头发怎么就想着离我而去呢？

脱发原因极为复杂，涉及遗传、免疫、内分泌、感染、代谢、营养状况和环境因素。解决脱发问题也要对症下药。

病理性脱发

除去一些拔毛癖（需心理治疗）之外，还有先天脱发、手术／皮肤问题、内分泌失衡、斑秃等病理性脱发，这些都需要寻求医生帮助。如一部分甲状腺功能减退者常伴有脱毛症，头顶和枕部最为明显，但经甲状腺素治疗可以恢复正常。

牵扯性脱发

我们平时比较熟悉的是牵扯性脱发，比如用力梳理头发、梳高马尾，都容易损伤发根，增加掉发的可能。所以，披散头发挺好看，对头发也很好，何乐而不为呢？

雄激素源性脱发

不仅男生会被雄激素脱发搞成地中海，女生也有雄激素源性脱发。要是万一不幸中枪了，记得去医院寻求医生的帮助。美国食品药品管理局 FDA 于 1996 年批准米诺地尔（普强公司）用于治疗斑秃和雄激素性脱发。但药物的效果因人而异，并非所有人都能用米诺地尔长出一头茂密的新发。同时，米诺地尔也是有副作用的，例如接触性皮炎、面部多毛症等。

药物是一把双刃剑，对于它们，我们不能只看到好处或坏处，也不能简简单单去妖魔化它，利用它的是人们自己，怎么选择还在于人们的自我意志。

产后脱发

怀孕期间，孕妈妈会因为脑垂体和高水平雌激素的干扰，一些正常情况下本来要脱落的头发却没有脱落。等到生完宝宝以后，已经超长待机的头发就开始脱落了。因为脱发量比较大，看起来就有点让人担心。不过产后脱发不是个别现象，大约有 45% 的产妇都会出现，所以你并不孤单。如果出现产后脱发，先不要着急，产后 7 个月左右就会恢复正常。

营养缺乏脱发

节食、绝食等不健康的减肥方法会导致脱发，这不是唬人的。我们身体上上下下里里外外想要运作起来，营养肯定要跟上，头发也不例外。一旦没了营养，不仅会面黄肌瘦，头发也得弃我们而去。所以，就算为了头发的营养，也要合理均衡地吃起来哦！

头皮屏障受损 / 刺激导致脱发

有的时候更换洗发产品或是烫染发之后，都会出现落发量增加的情况。此时选择温和的洗护发产品，比如非硫酸盐表面活性剂的洗发水或氨基酸表活的洗发水，可以降低由表活体系带来的对头皮的刺激。

如何拯救脱发？

脱发原因众多，一定要对症下药，根据不同的脱发原因寻求补救方法，否则事倍功半，钱发两空呀。

生活方式

首先就是要保证营养，头发的营养归根到底是源于我们的血液。减肥的时候也要记得留给头发些口粮！！！

另外，减少对头发的拉扯，梳理时要像对待你的初恋一样温柔、耐心、仔细！

在油脂存在的情况下，头发 24 小时就会吸附很多灰尘，所以清洗头发很重要。在清洗时选择温和的表面活性剂，如非硫酸盐表面活性剂的洗发水或氨基酸表活的洗发水，可以降低由表活体系带给头皮的刺激。

◆ 感官感受

效果为王的时代，我们都很少有耐心等待一个月，"立竿见影"的产品就特别有说服力。为此，能够带来顺滑发丝、清凉使用感和蓬松感的成分就变成了配方利器。

配方里的调理成分（硅油、瓜儿胶、聚季铵盐）会顺滑发丝，减少拉扯和梳理造成的落发；有些产品添加聚合物（OFPMA），让头发看起来更蓬松；薄荷、乙醇等成分带来强烈清凉使用感。

增加头发的直径（沉积在发丝上或者渗入发丝），显得头发更多。

此类产品如果过于追求感官感受，则容易产生刺激，敏感肌小伙伴需要注意。

◆ 修护头皮屏障

2009 年，Grice 在期刊 Science 公布了 20 个人体肌肤部位的菌群分布，让大家认识到皮肤菌群独一无二的特性。

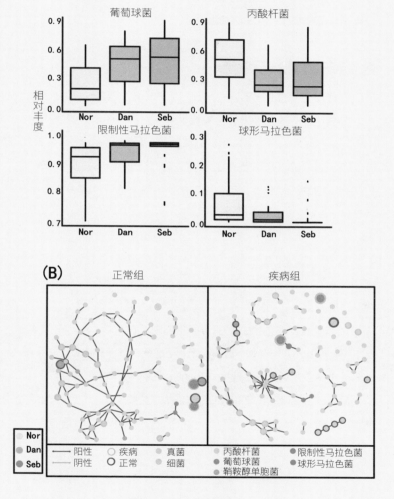

图 15—12 头皮菌群分布

如果头发到了用药都没有效果或急需有美发需求的时候，也可以考虑考虑终极手段之一的植发。

不要相信偏方。如果偏方有效，就不叫偏方，会变成正规药物。

不要相信一天防脱发，三天就生发的产品，使用未知的"立竿见影"的产品，也意味着承担更高风险。

真正有效的治疗脱发的方式处方药，越早治疗越好。

寻求快速治疗脱发，用药无效果，毛囊失活可以考虑到正规医院植发。

对于我们的头发来讲，生长与脱落，都有着它自己的规律。假如违背本质，而只是寄希望于一步登天的所谓"捷径"，结果可能会与你的期望背道而驰。

相对于我们整个精密复杂的身体来说，脱毛、长痘、鸡皮肤这些小事，看上去非常简单，但实际上，要想拥有丝滑美肌，柔亮秀发，每一桩小事都是需要花费时间与精力去做的一件非常系统的事。

往小了说，毛发护理需要顺应毛发的生长规律，皮肤护理需要顺应皮肤的昼夜节律；往大了说，我们做的每件事，都要脚踏实地，顺应客观规律，三思而后行。希望我们所做的每一个决定，都是仔细权衡后的最优解，护肤如此，生活亦然。

睡美容觉 也有科学依据

　　我们常听到"睡个美容觉"的说法，不过你有没有疑惑，为什么要叫"美容觉"？

　　有研究表明，长期不良的睡眠习惯会加剧皮肤的衰老，比如细纹和老年斑。睡眠不足也会影响你在他人和自己眼中的健康和年轻程度。良好的睡眠习惯会对个人幸福感、身体健康程度以及患病风险产生巨大的影响。充足且高质量的睡眠能帮助你保持最佳的状态，使你看起来更加年轻。

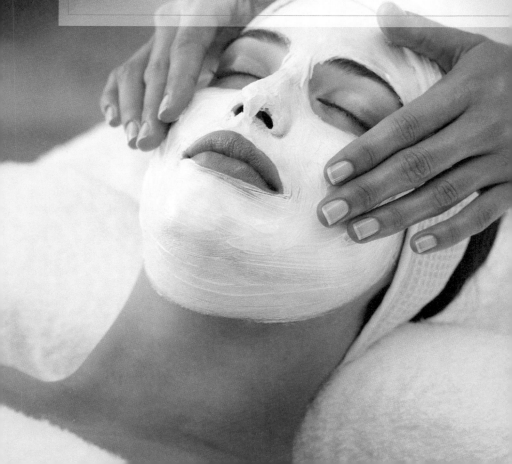

生理节律的调节者

古往今来，人们一直遵循着"日出而作，日落而息"的作息时间，习以为常。但你有想过为什么会有这样的生物钟吗？直到 19 世纪末，三位美国科学家揭示了人类生物钟的秘密：生物钟是刻在基因里的。

人体内在生理节律的周期通常不是严格的 24 小时，正常情况下，内在节律通过每天光照 / 黑暗循环的诱导而与环境节律趋于一致。

褪黑激素
☾——夜晚的守护人

我们的大脑视交叉上核 (SCN) 的内在生物钟控制了一系列复杂的人体节律，其中就包括睡眠 / 觉醒节律。我们熟悉的褪黑激素，就是由视交叉上核 (SCN) 在夜晚直接调节松果腺产生的。褪黑激素能将时间 (黑暗) 信号传达到每个器官，告诉他们"该休息啦"。松果腺中的褪黑激素分泌具有明显的昼夜节律，通常夜间血浆内的褪黑激素浓度比白天高 3 ～ 10 倍。

皮质醇
——白天的考勤员

皮质醇，也就是氢化可的松，属于糖皮质激素的一种，是从肾上腺皮质中提取出的对糖类代谢具有最强作用的肾上腺皮质激素。

在正常情况下，人体每天皮质醇的浓度从早晨的最高值逐渐下降至晚上的最低值（即静止期），并在后半夜急剧升高，告诉细胞们"该工作啦"。

皮质醇分泌的静止期与褪黑激素开始分泌的时间吻合，就像白天考勤员和晚上守夜人一样，白天考勤员（皮质醇）在岗管理细胞考勤，保安下班后，守夜人（褪黑激素）顶替上来，告诉细胞们"该休息了"。

为什么规律作息很重要

　　所谓昼夜节律，是在大约 24 小时内的生物活动的一种波动规律，这种生物钟可以接收昼夜变化、褪黑素、身体活动以及每天定时吃饭的习惯等给出的信号，皮肤的温度、亲水性和 pH 值都是由这个内部时钟进行调节的。

　　破坏这些重要的自然昼夜变化规律，如：不规律的睡眠、饮食，都可能会导致皮肤问题的发生。而遵循正常的、健康的体内生物钟可以保证你的皮肤在夜间最佳时间得到修复。

　　当我们处于睡眠状态时，皮肤能以多种方式进行自我修复和恢复。皮肤作为人体最大的器官，有着复杂的相互联系的过程，以维持其作为环境干扰（如阳光照射、干燥的空气、细菌和化学毒素等）的屏障的重要作用。新的皮肤细胞的产生在夜间最多，中午最少。遵循标准的昼夜作息时，中午皮肤分泌的油脂是凌晨 2 点的两倍。不仅如此，如果动物的皮肤干细胞缺乏正常昼夜节律，会过早地出现衰老的表现，这表明正常的昼夜节律可以防止细胞受损。

睡眠时我们的皮肤还会产生新的胶原蛋白，这是一个防止皮肤下垂的修复过程。如果每天只睡 5 小时，产生胶原蛋白的时间就大大减少了，加剧了皱纹产生和皮肤下垂。睡眠时间的减少也会造成皮肤屏障功能受损从而导致皮肤干燥。

　　通过了解内源性老化我们明白，DNA 每次分裂都会丢失一部分端粒，端粒丢失殆尽，则细胞不再具有新生分裂能力。而研究显示，睡眠质量越高的人端粒丢失越慢。

　　此外，两个在夜间时段高度表达的生物钟基因 Bmal-1 和 Clock 表达量升高时，掌管皮肤"清除垃圾"的 NRf2 蛋白的合成也高度活跃起来，参与产生各种抗氧化酶去清除掉积累的 ROS 自由基。

睡眠缺乏的危害

睡觉不仅是我们自身的休息时间，也是细胞们的修复时间，如果这些时间没有好好把握，会怎么样？

肌肤
🌙 屏障受损

皮肤含水量占人体总含水量的 15%，皮肤的亲水性不仅会影响我们的外表，对皮肤的完整性和功能也相当重要。而睡眠不足会导致皮肤屏障受损，加剧皮肤水分流失，而由此带来的后果可能比你想象的更严重，因为皮肤脱水会进而引发湿疹和其他与刺激相关的皮肤问题。

色素
🌙 沉着、皮肤老化

睡眠质量差的人在色素沉着不均、细纹和皮肤松弛方面都表现得更严重，这些都与加剧的皮肤老化有关。实验表明，睡眠良好的人能更快地在晒伤后恢复过来。

此外，睡眠的质量和持续时间不仅会影响皮肤的色素沉着和松弛，而且睡眠质量好的人往往整体外观表现都会更好。睡眠质量差的人对自己的皮肤和面部外表的自我评价，相对于睡眠质量好的人也明显偏低。

外表
憔悴

　　一个晚上不睡觉（36个小时），黑眼圈和眼周浮肿的表现都会更严重，给人一种"黯然"的感觉，而这种"黯然"的感觉可以理解为看起来疲惫不堪。进一步的研究发现，可能是由于面部视觉上的原因，睡眠不足的人在其他人眼中看来不太有吸引力，不太健康，甚至更疲困，因此人们不太愿意与睡眠不足的人进行社交。

皮肤
疾病

　　众所周知，睡眠不足会影响人体其他部位的炎症产生，也是导致痤疮的一个重要风险因素。此外，一些严重的皮肤问题也会受到睡眠的影响。长期睡眠不足和压力会引发或加重特应性皮炎、刺激性接触性皮炎和湿疹。

如何保证充足睡眠

为了照顾好你自己和你的皮肤，该如何保证充足的睡眠呢？

建立良好的作息规律，每天在差不多相同的时间起床和睡觉。

清除你卧室中可能会影响睡眠的物品，包括电视、电脑、公司或个人财务工作。

白天多运动，晚上不要剧烈运动，肾上腺素会影响褪黑素的产生。

晚上不要抽烟、喝酒或喝咖啡，这会让你难以保持安稳的睡眠。

睡觉时保持卧室处于昏暗的状态。如果有必要，使用睡眠眼罩来遮光，以便刺激褪黑激素的产生。

睡前一小时或更长时间不要使用所有移动设备，或在设备上使用蓝光屏蔽器。电子屏的亮光里含蓝光，蓝光又叫高能量可见光（HEV），能量仅次于紫外线。而自然光中，蓝光的比例要低得多。这就是为什么睡前仅仅看1个多小时的电子屏，就能扰乱睡眠的原因。

现代人的夜生活，灯红酒绿，五光十色，我们以极快的速度适应了这多姿多彩的现代生活，但缓慢进化了千万年的我们的细胞，一时间并不能迅速转变过来。在我们熬夜刷剧，肾上腺素升高抑制褪黑素的分泌时，细胞也会疑惑"现在到底几点了？我上了这么久的班还不能休息吗？"，我们的步子迈得太大了，大到细胞的适应能力追不上了。

古语有云："既来之，则安之。"但我们适应社会的时候，别忘了我们身体内部的节律也需要我们去遵循：护肤品不能逆天改命，延缓衰老不能抵制衰老，接受自己的不完美，拥抱自己的不完美，其实你本来就很美了。

后　记

笑对岁月长

　　言言编写这本书的初衷,是希望能有更多人和言言一起成长,一起科学变美,笑对岁月长。

　　但在整个编写的过程中,我不断地重复"回顾——再学习——凝练"的过程,将那些我自以为熟悉的知识,再次系统的整合,我发现了自己知识版图中的许多疏漏。比如在《睡美容觉也有科学依据》一章的编写中,我深入了解了有关蓝光对人体的损害。从前有品牌宣称"抗蓝光"时,我是不解的,在我初中的生物课上老师就讲过"人体只有视网膜能接收光",蓝光最多也就对眼睛有影响,它怎么能影响皮肤呢?我想很多人应该会有同样的疑问,为了将问题讲清楚,我阅读了多篇文献,终于弄明白,皮肤自带感光系统能通过视蛋白光感受器感知蓝光,而视蛋白参与表皮屏障分化和时钟信号的同步。感叹于人体结构精妙的同时,我也更加发觉自己未知的领域还很宽广。

　　当疑问解除,我才明白活到老学到老的意义所在,人是不断成长的,对知识的探索也应如此。我也终于明白为什么书籍会不断地再版,因为这一本书里只能囊括现阶段相对作者自身而言最全面的知识体系,而未来还有更多的信息等着我们一起去探寻。

　　随着信息时代的到来,人们了解信息的途径更多了,有许多拥有化学、生物、医药专业背景的人，开始为大众揭开护肤品神秘的面纱，言言也是其中之一。但许多人但凡听见别人夸奖一个产品好，不管三七二十一先买回来再说，结果发现并不适合自己，浪费时间、浪费金钱。

回过头来想想，我们关注博主的目的是什么？

是听他分析产品的好坏吗？不一定吧。很多博主讲产品的好坏，只是针对自身的体验而言，但汝之蜜糖，彼之砒霜，对别人而言的好产品不能保证对自己有用，反之亦然。

我认为，我们想要学到的，是有证可循的科学护理思维和方法，这也是言言一直努力想要带给大家的内容。

循着昼夜节律基因表达的依据，参考皮肤生理学、代谢组学等信息，结合市场产品配方分析，从晨光熹微，讲到皓月当空，在阐述护肤思维的同时，为每一位想要变得更精致的读者，提供准确又完善的护肤指南。美白、抗老、保湿、防晒，那么多需求，那么多期待。

希望在这本书里，大家都能根据自己的肤质与耐受程度，找到对的"它"，从容与岁月博弈，笑对岁月长。

经历了一天的护肤之旅，你应该也累了吧。那么，祝你能做一个好梦，晚安。

如何看懂成分表？

一提起"成分"，成分党们对各种活性物的功效都如数家珍。

但只看成分的话，我和世界首富的成分也是一样的啊，都是骨骼、肌肉、皮肤、内脏，但别人成了首富而我还是一个"996"的打工人。如果成分表这么容易解读，那么配方师们真的早卷铺盖走人了。

所以成分表里面还是有点学问的，让我们一起去看看成分表背后的信息。

成分
信息哪里找？

护肤品包装

根据我国法规，护肤品标签必须标明其名称、净含量、全成分。成分信息需用"成分"为引导语引出。

所以如果你手头有一款护肤品，想要知道它的成分信息，只需要在它的销售包装或说明书里寻找成分表即可。

没有实物产品或者包装被扔掉了怎么办？查！

最权威的当然是登陆"国家药品监督管理局",在化妆品类目下,对应"进口 / 国产 / 普通 / 特殊"等分类,输入产品名称或者备案编号即可查询备案成分表。

如果实在弄不清"特殊 / 非特殊"的产品分类,或是在记不清产品具体名称的情况下,一些成分查询 app 或小程序(如:美丽修行、透明标签)则是更好的选择。它们能非常简单的查询到详细的备案成分表。并且在这类查询工具上,通常还附有各成分的基本信息和使用目的,可以帮助许多人完成"成分分析"新手关卡。

不过这些第三方查询工具可能或多或少会存在一些小错误,如果放心不下,可以选择只在这类工具上对产品进行模糊搜寻,确认产品名称后,再返回国家药品监督管理局网站进行进一步查询。

Q & A

Q: 为什么有的产品包装的成分表和网上查到的备案成分表不一样呀?

A: 外包装成分表和备案成分表不同也不必惊慌,这种差异是可能存在的。

《化妆品注册备案管理办法》(2021 年 5 月 1 日开始实施)中提到:普通化妆品上市或者进口前,备案人按照国家药品监督管理局的要求通过信息服务平台提交备案资料后即完成备案。

在提交备案资料时,成分排序是按照原料组的含量降序排列的。但在产品包装上,不再以复配原料组的形式出现,而是将各成分在原料组中的含量折算后,再按照含量降序排列。

举个例子:备案成分表中,纯品 A 物质加了 10%,又各添加了 9% 的浓度为 1% 的 B、C、D 物质水溶液,此时在备案表上按顺序排列为左边的表。但在产品包装上,按照折算后的纯品含量排序,则得到右边的表。两种成分表看似有差异,本质都是一样的。

表 17-1 备案成分表 ▾

备案	含量
A	10%
水，B	9%
水，C	9%
水，D	9%

表 17-2 包装成分表 ▾

包装（折算后含量排序）	含量
水	26.73%
A	10%
B	0.09%
C	0.09%
D	0.09%

理性
解读"成分表"

成分表虽然能帮我们快速了解产品，但也有一些局限性存在，尤其是一些产品的信息，仅凭成分表是得不出来的。接下来我们将从几个维度简单看看如何更理性地解读"成分表"。

关于产品添加浓度

根据 2021 年的《化妆品标签管理办法》：化妆品标签应当在销售包装可视面标注化妆品全部成分的原料标准中文名称，以"成分"作为引导语引出，并按照各成分在产品配方中含量的降序列出。化妆品配方中存在含量不超过 0.1%（w/w）的成分的，所有不超过 0.1%（w/w）的成分应当以"其他微量成分"作为引导语引出另行标注，可以不按照成分含量的降序列出。

一般情况下，配方表靠前的成分，往往是基础保湿剂和一些油脂，比如甘油、丁二醇、辛酸 / 癸酸甘油三酯、硅油等。VC、烟酰胺等功效成分根据配方经验及品牌资料大致可判断其浓度（品牌方可能会在产品介绍部分标注成分的含量）。

纯 VC 功效添加一般不超过 20%，以 5% ～ 10% 居多，VC 衍生物呈多样性，情况也更复杂些，功效与安全的评估仍有很多不清楚，不过往往会跟其他活性物配伍添加。如果作为协同抗氧化，0.2%VC 也能起效。

烟酰胺功效添加一般不超过 10%，同样也可能会有配伍添加。比如大家喜爱的 Olay prox 小白瓶添加量 4% ～ 5%，也会放点糖海带提取物、甘油等，跟烟酰胺组个队协同增效，这也是 Olay 的专利技术。

水杨酸在驻留型化妆品中的用量不超过 2%，宝拉用大量的多元醇溶解，其实是有一些刺激性的。博乐达做的超分子水杨酸缓释技术，刺激性就降下来了，但肤感可能会差一些。

其他，比如：维 A 醇、白藜芦醇、泛醌、艾地苯、377（苯乙基间苯二酚）、积雪草苷、甘草酸二钾、各类寡肽、多肽等活性成分，在低浓度时就可以很好的起效，单单从成分表里，很难看出功效成分的添加量是不是到了起效浓度，还是假把式玩套路。这就需要做一些功课了，比如品牌方资料或者原料商资料，否则很难单从成分表就看出个究竟来。

当然原料桶部分的诚实就在此刻表现出来了，他们会直接告诉你主要原料添加量，但更细节的也不会透露太多。

当我们学会使用查询工具，也就习惯性关注这些工具上的信息：标红心、看致痘成分、防腐剂，以及具体成分的细节描述。说到致痘成分：矿物油、硅油、大部分乳化剂、防腐剂、香精等总会被标上致痘，也会有很多人一旦爆痘就各种嫌弃："我就是用了这个产品，有 XX 成分就爆痘了，一生黑！"

事实上，成分信息中的致痘等级标注，最初是美国皮肤病协会以及 JAMES E. FULTON 等人基于兔耳以及人体试验用统计学计算概率，做出某物质的致痘潜力，再标识出不同的等级，评分范围 1—5。但是兔耳评分并不能完美预测人类皮肤对相同物质的反应，因为兔子皮肤比人类皮肤更薄且更敏感。然而，科学家们相信，如果某种物质不会对兔子薄而敏感的皮肤致痘（得分 0 —2），那么它很可能不会对人类皮肤致痘。如果某种物质确实会对兔子皮肤致痘（评分 3 — 5），那么它可能对人类皮肤致痘。

后面消费者看到的致痘评分大多是参考美国皮肤病协会对物质标示的等级而对化妆品原料做出的评分，因此不同机构对于化妆品原料致痘风险的评分范围以及得分并不一致，譬如美丽修行对于化妆品致痘风险的评分范围为 1～3。

而消费者更常见的安全风险评估，是一个叫 EWG（Environmental Working Group, 环境工作组）的组织建立的第三方成分查询平台，为产品库里的每一种成分的安全性进行的评分，分数范围 1—10 分，主要从毒理学方面评价危害性，分数越高，危害性越高，这里参考了美国皮肤病协会对物质标示的等级，但是分值并不完全代表致痘风险的高低。

但抛开剂量谈毒性就是耍流氓，这个致痘等级是直接用原料在人体模型上单独测试的。但护肤品中根本不会直接扔几个原料给你用。而且，测试中致痘的成分不一定在配方运用中会致痘，比如香精致敏等级很高，但是添加量却很低。

关于配方体系

在关注单个成分的同时，也关注一下产品的配方体系，毕竟一个好产品的配方体系一定是稳定又安全的。

比如说，你看到一瓶号称添加了维 A 醇的日用精华水，你可以轻易判断它是忽悠人的。维 A 醇是脂溶性的，怎么放在水里，怎么保证稳定性？

关注配方体系，结合成分特性，可以轻易看出一些虚假，避免被忽悠。

产品
包装和成分也有关？

很多人认为的化妆品研发是只有一个配方师，像做菜一样，这个东西加一点，那个东西加一点，搅和搅和，一个产品就做出来了。但实际上的化妆品研发，需要有配方、检测、工艺及包装多个部门协作，才有可能出现一个算作成熟的可上市产品。

所以，化妆品的成分与包装也是紧密联系的。

比如市面上的各种宣称"无防腐剂"的产品，它靠什么做到不添加防腐剂也能保证产品安全稳定？有很多产品所宣称的"无防腐剂"，仅仅是产品中添加的防腐剂不在《化妆品安全技术规范》限用防腐剂列表中。

真正的无防腐剂产品存在吗？

存在，但"真正的无防腐剂"产品，是因为该产品本身就不容易滋生微生物，比如产品处于极端 pH 环境下或是无水冻干产品。

此外，先进的无菌生产、包装条件也很重要，安瓿瓶、胶囊包装等次抛产品是较好的选择。

所以，我们关注一个产品的成分时，除了成分表，它的包装也值得思索。

成分
一样，效果一样？

"我家产品和某大牌一个代工厂，还用了同样的成分，我们这个更便宜""我们成分一样，我产品的浓度还更高，效果肯定更好啦"……这些话是不是很耳熟？成分一样，效果就一定一样吗？答案是否定的。

同样的成分，不同的处理技术、不同的纯度、不同的档次，差异巨大。就拿很流行的烟酰胺来说吧，大家都知道高浓度的烟酰胺有刺激性风险，但为什么明明标注同样浓度的烟酰胺，用大牌后皮肤很正常，换个无名的牌子就过敏了呢？难道是投料的时候做了手脚？

事实上烟酰胺的纯净物是没有致敏性的，让人过敏的是其中的杂质副产物——烟酸；另外，某些生产方法还会引入甲醇、丙酮，无法反应完全的残余也带来了很大的风险。作为护肤品原料，烟酰胺的等级高低取决于其中杂质含量多少，对于高浓度的烟酰胺产品，这点尤为重要。然而这一点，在成分表上是找不到线索的。

标注相同浓度的烟酰胺，其处理技术并不尽相同，用在皮肤上带来的效果和反应自然不同，甚至会有很大差异。

VC、VA 也是如此。相同浓度，不同的缓释技术、稳定技术，产品的刺激程度、稳定性保障能力都是有差异的，而这些仅仅通过 VC、VA 的成分名是看不出来的。

所以，我们认识成分、了解成分，但不可迷信成分。科学的护肤，从来不是"唯成分论"。

成分
矩阵，1+1>2？

依循旧例，1个成分＝1个作用，"1＋1＝2"这样的传统理解方式，并没有什么错。

针对美白产品，如果按照单一化学分子作用的理念，会使用的经典成分有：烟酰胺、VC家族、熊果苷、传明酸，间苯二酚家族……

那么，把这些成分都添加到一个产品里，加足量，是不是就能得到最好的美白效果？这个就是一般传统成分党的想法，也成为了一种套路：堆砌成分，制造漂亮易懂的成分表。这种方法在一定程度上是行得通的，因为看成分表选产品，按图索骥，比看宣传选产品靠谱。但是慢慢会发现它的弊端：成分表很完美，而且看上去十全大补，但有些效果并不理想。甚至在不断追求了高浓度后，还容易"用力过猛"，造成刺激不耐受。

这对研发人员来说也是一种困惑，明明测试下来几种成分联合使用效果很好，可以四两拨千斤。但是没有理论依据，说服不了市场部怎么办？这时候，在系统生物学的指导下建立成分矩阵尤为重要。

成分矩阵是指，当成分的单一功效升级到系统性交叉互作的维度，也成为研发者可以洞悉与设计的角度，成分就可以形成独具个性的功效矩阵。简单说，就是不再单纯追求高浓度活性物的堆砌，而是以系统化的思维考虑问题，事半功倍的解决问题，保障安全性、功效性。

还是以美白为例，如果按照系统化的思路，美白更应该按照肤色管理的大局去考虑。不仅要顾全黑色素合成、传导和运输，还要为抑制的黑色素找出路；不仅要考虑褪黑（现在），还要考虑诱因（过去）和修复（未来），以及顾及肌肤的健康状态、承载能力与代谢速度。从生物学的角度看，也就是要形成了一个错综复杂的靶点矩阵。

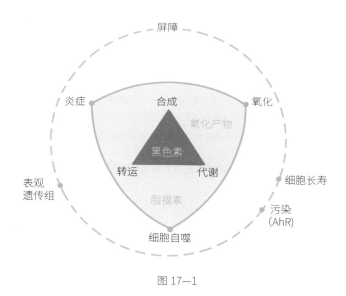

图 17—1

参考文献

[1] MATSUI M S, Pelle E, Dong K, et al. Biological rhythms in the skin[J]. International journal of molecular sciences, 2016, 17(6): 801.

[2] JANG S I, LEE M, HAN J, et al. A study of skin characteristics with long‑term sleep restriction in Korean women in their 40s[J]. Skin Research and Technology, 2020, 26(2):193-199.

[3] THORBURN P T, RIHA R L. Skin disorders and sleep in adults: where is the evidence?[J].Sleep medicine reviews, 2010, 14(6): 351-358.

[4] SUNDELIN T , LEKANDER M , SORJONEN K , et al. Negative effects of restricted sleep on facial appearance and social appeal[J]. Royal Society Open Science, 2017, 4(5):160918.

[5] 李利华，库宝善·慢波睡眠的激素与细胞因子调节 [J]. 生理科学进展，2000，31(1):30-30.

[6] 陈清海. 运用 " 皮肤生物钟 " 规律指导美容实践 [J]. 中国美容医学，2000(04):22-23.

[7] 文翔，蒋献. 时间生物学在皮肤科的应用 [J]. 中国麻风皮肤病杂志，2009，25(008):604-606.

[8] 林烨，李春英. 生物钟与皮肤病 [J]. 中国美容医学，2008, 17(011):1695-1698.

[9] 刘艳骄. 睡眠时的机体变化 [J]. 世界睡眠医学杂志，2017, 004(001):6-18.

[10] YOSIPOVITCH G, XIONG G L, HAUS E, et al. Time-dependent variations of the skin barrier function in humans: transepidermal water loss, stratum corneum hydration, skin surface pH, and skin temperature[J]. Journal of investigative dermatology, 1998, 110(1): 20-23.

[11] 刘炜. 皮肤屏障功能解析 [C]// 2008 年中华医学会皮肤性病学分会治疗学组会议暨中南六省皮肤性病学术研讨会. 中华医学会皮肤性病学分会; 湖南省医学会，2008.

[12] 田燕，刘玮. 皮肤屏障 [J]. 实用皮肤病学杂志，2013, 6(6): 346-348.

[13] 杨扬，马慧军，胡蓉. 皮肤角质层的相关屏障结构和功能的研究进展 [D].,

2012.

[14] 翁晓芳, 高红军, 林统文, 等. 皮肤屏障功能研究及其在化妆品中的应用 [J]. 广东化工, 2015, 42(4):61-63.

[15] LAMBERS H, PIESSENS S, BLOEM A, et al. Natural skin surface pH is on average below 5, which is beneficial for its resident flora[J]. International journal of cosmetic science,2006, 28(5): 359-370.

[16] BLAAK J, WOHLFART R, SCHÜRER N Y. Treatment of aged skin with a pH 4 skin care product normalizes increased skin surface pH and improves barrier function: results of a pilot study[J]. Journal of Cosmetics, Dermatological Sciences and Applications, 2011, 1(3):50.

[17] KOSAKA S, MIYOSHI N, AKILOV O E, et al. Targeting of sebaceous glands by δ‑aminolevulinic acid‑based photodynamic therapy: An in vivo study[J]. Lasers in surgery and medicine, 2011, 43(5): 376-381.

[18] WANG S, ZHANG G, MENG H, et al. Effect of Exercise‑induced Sweating on facial sebum,stratum corneum hydration, and skin surface pH in normal population[J]. Skin Research and Technology, 2013, 19(1): e312-e317.

[19] MUKHERJEE S, MITRA R, MAITRA A, et al. Sebum and hydration levels in specific regions of human face significantly predict the nature and diversity of facial skin microbiome[J].Scientific reports, 2016, 6: 36062.

[20] WILLIAMS M, CUNLIFFE W J, Gould D. Pilo‑sebaceous duct physiology. I EFFECT OF HYDRATION ON PILO‑SEBACEOUS DUCT ORIFICE[J]. British Journal of Dermatology, 1974, 90(6): 631-635.

[21] FLUHR J, BANKOVA L, DIKSTEIN S. Skin surface pH: mechanism,measurement,importan-ce[J]. Handbook of Non-Invasive Methods and the Skin. Boca Raton, CRC,2006: 411-427.

[22] PROKSCH E. pH in nature, humans and skin[J]. The Journal of Dermatology, 2018, 45(9):1044-1052.

[23] SCHMID-WENDTNER M H, KORTING H C. The pH of the skin surface and its impact on the barrier function[J]. Skin pharmacology and physiology, 2006, 19(6): 296-302.

[24] ALI S M, YOSIPOVITCH G. Skin pH: from basic science to basic skin care[J]. Acta dermatovenereologica,2013, 93(3): 261-269.

[25] BLAAK J, STAIB P. The relation of pH and skin cleansing[M]//pH of the Skin: Issues and Challenges. Karger Publishers, 2018, 54: 132-142.

[26] WOHLRAB J, GEBERT A, NEUBERT R H H. Lipids in the Skin and

ph[M]//pH of the Skin: Issues and Challenges. Karger Publishers, 2018, 54: 64-70.

[27] BYRD A L, BELKAID Y, SEGRE J A. The human skin microbiome[J]. Nature Reviews Microbiology, 2018, 16(3): 143.

[28] EVANS C A, SMITH W M, JOHNSTON E A, et al. Bacterial flora of the normal human skin[J].Journal of Investigative Dermatology, 1950, 15(4): 305-324.

[29] CHILLER K, SELKIN B A, MURAKAWA G J. Skin microflora and bacterial infections of the skin[C]//Journal of Investigation Dermatology Symposium Proceedings. Elsevier, 2001,6(3): 170-174.

[30] CARAMIA G, ATZEI A, FANOS V. Probiotics and the skin[J]. Clinics in dermatology, 2008,26(1): 4-11.

[31] TURNBAUGH P J, LEY R E, HAMAD Y M, et al. The human microbiome project[J]. Nature,2007, 449(7164): 804-810.

[32] GRICE E A, KONG H H, RENAUD G, et al. A diversity profile of the human skin microbiota[J]. Genome research, 2008, 18(7): 1043-1050.

[33] GRICE E A, SEGRE J A. The skin microbiome[J]. Nature reviews microbiology, 2011, 9(4):244-253.

[34] GRICE E A, KONG H H, CONLAN S , et al. Topographical and temporal diversity of the human skin microbiome[J]. science, 2009, 324(5931): 1190-1192.

[35] STAUDINGER T, PIPAL A, REDL B. Molecular analysis of the prevalent microbiota of human male and female forehead skin compared to forearm skin and the influence of makeup[J]. Journal of applied microbiology, 2011, 110(6): 1381-1389.

[36] CAPONE K A, DOWD S E, STAMATAS G N, et al. Diversity of the human skin microbiome early in life[J]. Journal of Investigative Dermatology, 2011, 131(10): 2026-2032.

[37] ZEEUWEN P L J M, BOEKHORST J, VAN DEN BOGAARD E H, et al. Microbiome dynamics of human epidermis following skin barrier disruption[J]. Genome biology, 2012, 13(11):1-18.

[38] 高延瑞, 王学民, 刘小萍. 皮肤微生物群系的形成, 发展及免疫调节 [J]. 临床皮肤科杂志, 2013,42(12): 771-773.

[39] SCHOMMER N N, GALLO R L. Structure and function of the human skin microbiome[J].Trends in microbiology, 2013, 21(12): 660-668.

[40] DRÉNO B, ARAVIISKAIA E, BERARDESCA E, et al. Microbiome in healthy skin, update for dermatologists[J]. Journal of the European Academy of

Dermatology and Venereology,2016, 30(12): 2038-2047.

[41] ANANTHAPADMANABHAN K P, MOORE D J, SU BRAMANYAN K, et al. Cleansing without compromise: the impact of cleansers on the skin barrier and the technology of mild cleansing[J]. Dermatologic Therapy, 2004, 17: 16-25.

[42] DENDA M, SOKABE T, FUKUMI-TOMINAGA T, et al. Effects of skin surface temperature on epidermal permeability barrier homeostasis[J]. Journal of Investigative Dermatology,2007, 127(3): 654-659.

[43] BOUTRAND L B, THÉPOT A, MUTHER C, et al. Repeated short climatic change affects the epidermal differentiation program and leads to matrix remodeling in a human organotypic skin model[J]. Clinical, Cosmetic and Investigational Dermatology, 2017,0: 43.

[44] VANDEGRIFT R, BATEMAN A C, SIEMENS K N, et al. Cleanliness in context: reconciling ygiene with a modern microbial perspective[J]. Microbiome, 2017, 5(1): 76.

[45] TAKAGI Y, KANEDA K, MIYAKI M, et al . The long‐term use of soap does not affect the pH‐maintenance mechanism of human skin[J]. Skin Research and Technology, 2015,21(2): 144-148.

[46] 赵文昊. 什么时候洗头最合适 [J]. 医药与保健 , 2013 (4): 59-59.

[47] POPESCU C, H•CKER H. Hair—the most sophisticated biological composite material[J].Chemical Society Reviews, 2007, 36(8): 1282-1291.

[48] SCHWARTZ J R, BACON R A, SH AH R, et al. Therapeutic efficacy of anti‐dandruff shampoos: A randomized clinical trial comparing products based on potentiated zinc pyrithione and zinc pyrithione/climbazole[J]. International Journal of Cosmetic Science,2013, 35(4): 381-387.

[49] HARDING C R, MOORE A E, ROGERS S J, et al. Dandruff: a condition characterized by decreased levels of intercellular lipids in scalp stratum corneum and impaired barrier function[J]. Archives of dermatological research, 2002, 294(5): 221-230.

[50] ELEWSKI B E. Clinical diagnosis of common scalp disorders[C]// Journal of Investigative Dermatology Symposium Proceedings. Elsevier, 2005, 10(3): 190-193.

[51] PARK T, KIM H J, MYEONG N R, et al. Collapse of human scalp microbiome network in dandruff and seborrhoeic dermatitis[J]. Experimental dermatology, 2017, 26(9): 835-838.

[52] RO B I, DAWSON T L. The role of sebaceous gland activity and scalp

microfloral metabolism in the etiology of seborrheic dermatitis and dandruff[C]// Journal of Investigative Dermatology Symposium Proceedings. Elsevier, 2005, 10(3): 194-197.

[53] BORDA L J, PERPER M, KERI J E. Treatment of seborrheic dermatitis: a comprehensive review[J]. Journal of Dermatological Treatment, 2019, 30(2): 158-169.

[54] BROCARD A, KNOL A C, KHAMMARI A, et al. Hidradenitis suppurativa and zinc: a new therapeutic approach[J]. Dermatology, 2007, 214(4): 325-327.

[55] MEGUID A M A, ATTALLAH D A E A, OMAR H. Trichloroacetic acid versus salicylic acid in the treatment of acne vulgaris in dark-skinned patients[J]. Dermatologic Surgery, 2015,41(12): 1398-1404.

[56] SEITE S, ROUGIER A, TALARICO S. Randomized study comparing the efficacy and tolerance of a lipohydroxy acid shampoo to a ciclopiroxolamine shampoo in the treatment of scalp seborrheic dermatitis[J]. Journal of cosmetic dermatology, 2009, 8(4): 249-253.

[57] GOLDBERG L J, LENZY Y. Nutrition and hair[J]. Clinics in dermatology, 2010, 28(4): 412-419.

[58] 刘小萍，王学民. 微生态和皮肤屏障与头皮屑 [J]. 国际皮肤性病学杂志，2014, 40(002):106-109.

[59] RAWLINGS A V, HARDING C R. Moisturization and skin barrier function[J]. Dermatologic therapy, 2004, 17: 43-48.

[60] 卜天韵，瞿欣，凌峰. 保湿四部曲———从皮肤生理学到解决方案 [J]. 日用化学品科学，2017,40(10): 48.

[61] DRAELOS Z D. The science behind skin care: moisturizers[J]. Journal of Cosmetic Dermatology, 2018, 17(2): 138-144.

[62] AKDENIZ M, TOMOVA‐SIMITCHIEVA T, DOBOS G, et al. Does dietary fluid intake affect skin hydration in healthy humans? A systematic literature review[J]. Skin Research and Technology, 2018, 24(3): 459-465.

[63] PROKSCH E, DE BONY R, TRAPP S, et al. Topical use of dexpanthenol: a 70th anniversary article[J]. Journal of Dermatological Treatment, 2017, 28(8): 766-773.

[64] GEHRING W, GLOOR M. Effect of topically applied dexpanthenol on epidermal barrier function and stratum corneum hydration[J]. Arzneimittelforschung, 2000, 50(07): 659-663.

[65] EBNER F, HELLER A, RIPPKE F, et al. Topical use of dexpanthenol in skin disorders[J].American journal of clinical dermatology, 2002, 3(6): 427-433.

[66] BIRO K, THA•I D, OCHSENDORF F R, et al. Efficacy of dexpanthenol in skin protection against irritation: a double - blind, placebo - controlled study[J]. Contact dermatitis, 2003,49(2): 80-84.

[67] STETTLER H, KURKA P, LUNAU N, et al. A new topical panthenol-containing emollient:Results from two randomized controlled studies assessing its skin moisturization and barrier restoration potential, and the effect on skin microflora[J]. Journal of Dermatological Treatment, 2017, 28(2): 173-180.

[68] WEINDL G, SCHALLER M, SCH•FER-KORTING M, et al. Hyaluronic acid in the treatment and prevention of skin diseases: molecular biological, pharmaceutical and clinical aspects[J]. Skin Pharmacology and Physiology, 2004, 17(5): 207-213.

[69] GUEST S, ESSICK G K, MEHRABYAN A, et al. Effect of hydration on the tactile and thermal sensitivity of the lip[J]. Physiology & behavior, 2014, 123: 127-135.

[70] LÓPEZ-JORNET P, CAMACHO-ALONSO F, RODRÍGUEZ-ESPIN A. Study of lip hydration with application of photoprotective lipstick: influence of skin phototype, size of lips, age, sex and smoking habits[J]. Med Oral Patol Oral Cir Bucal, 2010, 15(3): 445-450.

[71] TAMURA E, ISHIKAWA J, SUGATA K, et al. Age - related differences in the functional properties of lips compared with skin[J]. Skin Research and Technology, 2018, 24(3):472-478.

[72] KRUTMANN J, BOULOC A, SORE G, et al. The skin aging exposome[J]. Journal of dermatological science, 2017, 85(3): 152-161.

[73] POLJ•AK B, DAHMANE R G, GODI• A. Intrinsic skin aging: the role of oxidative stress[J].Acta Dermatovenerol Alp Pannonica Adriat, 2012, 21(2): 33-36.

[74] BECKMAN K B, AMES B N. The free radical theory of aging matures[J]. Physiological reviews, 1998.

[75] SCHROEDER P, HAENDELER J, KRUTMANN J. The role of near infrared radiation in photoaging of the skin[J]. Experimental Gerontology, 2008, 43(7): 629-632.

[76] PINNELL S R. Cutaneous photodamage, oxidative stress, and topical antioxidant protection[J]. Journal of the American Academy of Dermatology, 2003,

48(1): 1-22.

[77] 李利. 自由基, 抗氧化物与皮肤衰老 [J]. 华西医学, 1996, 11(1): 118-119.

[78] 熊晨阳, 易帆, 薛燕, 等. 皮肤中初级抗氧化剂及其在化妆品中的应用研究进展 [J]. 日用化学工业,2019, 48(10): 589-594.

[79] MATSUI M S. The role of topical antioxidants in photoprotection[M]// Principles and Practice of Photoprotection. Adis, Cham, 2016: 361-375.

[80] GKOGKOLOU P, B·HM M. Advanced glycation end products: key players in skin aging?[J].Dermato-endocrinology, 2012, 4(3): 259-270.

[81] LEE E J, KIM J Y, OH S H. Advanced glycation end products (AGEs) promote melanogenesis through receptor for AGEs[J]. Scientific reports, 2016, 6(1): 1-11.

[82] DEGEN J, HELLWIG M, HENLE T. 1, 2-Dicarbonyl compounds in commonly consumed foods[J]. Journal of agricultural and food chemistry, 2012, 60(28): 7071-7079.

[83] GASSER P, ARNOLD F, PENO‐MAZZARINO L, et al. Glycation induction and antiglycation activity of skin care ingredients on living human skin explants[J]. International journal of cosmetic science, 2011, 33(4): 366-370.

[84] DANBY F W. Nutrition and aging skin: sugar and glycation[J]. Clinics in dermatology,2010, 28(4): 409-411.

[85] URIBARRI J, WOODRUFF S, GOODMAN S, et al. Advanced glycation end products in foods and a practical guide to their reduction in the diet[J]. Journal of the American Dietetic Association, 2010, 110(6): 911-916. e12.

[86] URIBARRI J, CAI W, PEPPA M, et al. Circulating glycotoxins and dietary advanced glycation endproducts: two links to inflammatory response, oxidative stress, and aging[J]. The Journals of Gerontology Series A: Biological Sciences and Medical Sciences, 2007,62(4): 427-433.

[87] KUEPER T, GRUNE T, PRAHL S, et al. Vimentin is the specific target in skin glycation structural prerequisites, functional consequences, and role in skin aging[J]. Journal of Biological Chemistry, 2007, 282(32): 23427-23436.

[88] VIERK·TTER A, SCHIKOWSKI T, RANFT U, et al. Airborne particle exposure and extrinsic skin aging[J]. Journal of investigative dermatology, 2010, 130(12): 2719-2726.

[89] HÜLS A, VIERK·TTER A, GAO W, et al. Traffic-related air pollution contributes to development of facial lentigines: further epidemiological evidence from Caucasians and Asians[J]. The Journal of investigative dermatology, 2016,

136(5): 1053-1056.

[90] DING A, YANG Y, ZHAO Z, et al. Indoor PM 2.5 exposure affects skin aging manifestation in a Chinese population[J]. Scientific reports, 2017, 7(1): 1-7.

[91] KIM K E, CHO D, PARK H J. Air pollution and skin diseases: Adverse effects of airborne particulate matter on various skin diseases[J]. Life sciences, 2016, 152: 126-134.

[92] THIELE J J, EKANAYAKE-MUDIYANSELAGE S. Vitamin E in human skin: organ-specific physiology and considerations for its use in dermatology[J]. Molecular aspects of medicine, 2007, 28(5-6): 646-667.

[93] FUKS K B, WOODBY B, VALACCHI G. Skin damage by tropospheric ozone[J]. Der Hautarzt,2019: 1-5.

[94] ROMANI A, CERVELLATI C, MURESAN X M, et al. Keratinocytes oxidative damage mechanisms related to airbone particle matter exposure[J]. Mechanisms of ageing and development, 2018, 172: 86-95.

[95] XU F, YAN S, WU M, et al . Ambient ozone pollution as a risk factor for skin disorders[J].British journal of dermatology (1951), 2011, 165(1): 224-225.

[96] PENG F, XUE C H, HWANG S K, et al . Exposure to fine particulate matter associated with senile lentigo in Chinese women: a cross‐sectional study[J]. Journal of the European Academy of Dermatology and Venereology, 2017 , 31(2): 355-360.

[97] MATSUI M S, MUIZZUDDIN N, ARAD S, et al. Sulfated polysaccharides from red microalgae have antiinflammatory properties in vitro and in vivo[J]. Applied biochemistry and biotechnology, 2003, 104(1): 13-22.

[98] BORMANN F, RODRÍGUEZ‐PAREDES M, HAGEMANN S, et al. Reduced DNA methylation patterning and transcriptional connectivity define human skin aging[J]. Aging cell, 2016,15(3): 563-571.

[99] MILLINGTON G W M. Epigenetics and dermatological disease[J]. 2008.

[100] GR•NNIGER E, WEBER B, HEIL O, et al. Aging and chronic sun exposure cause distinct epigenetic changes in human skin[J]. PLoS Genet, 2010, 6(5): e1000971.

[101] IKEHATA H, KAWAI K, KOMURA J, et al. UVA1 genotoxicity is mediated not by oxidative damage but by cyclobutane pyrimidine dimers in normal mouse skin[J].Journal of Investigative Dermatology, 2008, 128(9): 2289-2296.

[102] PINNELL S R. Regulation of collagen biosynthesis by ascorbic acid: a

review[J]. The Yale journal of biology and medicine, 1985, 58(6): 553.

[103] FARRIS P K. Topical vitamin C:a useful agent for treating photoaging and other dermatologic conditions[J]. Dermatologic surgery, 2005, 31: 814-818.

[104] OCHIAI Y, KABURAGI S, OBAYASHI K, et al. A new lipophilic pro-vitamin C, tetraisopalmitoyl ascorbic acid (VC-IP), prevents UV-induced skin pigmentation through its anti-oxidative properties[J]. Journal of dermatological science, 2006, 44(1): 37-44.

[105] HWANG S W, OH D J, LEE D, et al. Clinical efficacy of 25% L-ascorbic acid (C'ensil) in the treatment of melasma[J]. Journal of cutaneous medicine and surgery, 2009, 13(2):74-81.

[106] SMAOUI S, HILIMA H B. Application of l-ascorbic acid and its derivatives (sodium ascorbyl phosphate and magnesium ascorbyl phosphate) in topical cosmetic formulations: Stability studies[J]. Journal of the chemical society of Pakistan, 2013,35(4): 1096-1102.

[107] MIAO F, SU M Y, JIANG S, et al. Intramelanocytic acidification plays a role in the antimelanogenic and antioxidative properties of vitamin C and its derivatives[J].Oxidative Medicine and Cellular Longevity, 2019, 2019.

[108] CARITÁ A C, FONSECA-SANTOS B, SHULTZ J D, et al. Vitamin C: One compound, several ses. Advances for delivery, efficiency and stability[J]. Nanomedicine: Nanotechnology,Biology and Medicine, 2020, 24: 102117.

[109] MORDENTE A, MARTORANA G E, MINOTTI G, et al. Antioxidant properties of 2, 3-dimethoxy-5-methyl-6-(10-hydroxydecyl)-1, 4-benzoquinone (idebenone)[J]. Chemical research in toxicology, 1998, 11(1): 54-63.

[110] MCDANIEL D H, NEUDECKER B A, DINARDO J C, et al . Clinical efficacy assessment in photodamaged skin of 0.5% and 1.0% idebenone[J]. Journal of cosmetic dermatology,2005, 4(3): 167-173.

[111] MCDANIEL D H, NEUDECKER B A, DINARDO J C, et al . Idebenone: a new antioxidant–Part I. Relative assessment of oxidative stress protection capacity compared to commonly known antioxidants[J]. Journal of cosmetic dermatology, 2005, 4(1): 10-17.

[112] FARRIS P. Idebenone, green tea, and Coffeeberry• extract: new and innovative antioxidants[J]. Dermatologic therapy, 2007, 20(5): 322-329.

[113] SAVOIA A, LANDI S, BALDI A. A new minimally invasive mesotherapy technique for facial rejuvenation[J]. Dermatology and therapy, 2013, 3(1): 83-93.

[114] 张晶，祝钧，李杨．艾地苯醌在化妆品领域的研究进展 [J]. 化学世界，

2013, 54(11): 693-697.

[115] WEMPE M F, LIGHTNER J W, ZOEL LER E L, et al. Investigating idebenone and idebenone linoleate metabolism: in vitro pig ear and mouse melanocyte studies[J]. Journal of cosmetic dermatology, 2009, 8(1): 63-73.

[116] HOPPE U, BERGEMANN J, DIEMBECK W, et al. Coenzyme Q_ {10}, a cutaneous antioxidant and energizer[J]. Biofactors, 1999, 9(2 - 4): 371-378.

[117] PRAHL S, KUEPER T, BIERNOTH T, et al. Aging skin is functionally anaerobic: importance of coenzyme Q10 for anti aging skin care[J]. Biofactors, 2008, 32(1 - 4): 245-255.

[118] SCHNIERTSHAUER D, MÜLLER S, MAYR T, et al. Accelerated regeneration of ATP level after irradiation in human skin fibroblasts by coenzyme Q10[J]. Photochemistry and Photobiology, 2016, 92(3): 488-494.

[119] KNOTT A, ACHTERBERG V, SMUDA C, et al. Topical treatment with coenzyme Q 10 - ontaining formulas improves skin's Q 10 level and provides antioxidative effects[J].Biofactors, 2015, 41(6): 383-390.

[120] BLATT T, LITTARRU G P. Biochemical rationale and experimental data on the antiaging properties of CoQ10 at skin level[J]. Biofactors, 2011, 37(5): 381-385.

[121] REAGAN - SHAW S, MUKHTAR H, AHMAD N. Resveratrol imparts photoprotection of normal cells and enhances the efficacy of radiation therapy in cancer cells[J]. Photochemistry and Photobiology, 2008, 84(2): 415-421.

[122] BAXTER R A. Anti - aging properties of resveratrol: review and report of a potent new antioxidant skin care formulation[J]. Journal of cosmetic dermatology, 2008, 7(1): 2-7.

[123] WU Y, JIA L L, ZHENG Y N, et al. Resveratrate protects human skin from damage due to repetitive ultraviolet irradiation[J]. Journal of the European Academy of Dermatology and Venereology, 2013, 27(3): 345-350.

[124] LEE T H, SEO J O, BAEK S H, et al. Inhibitory effects of resveratrol on melanin synthesis in ultraviolet B-induced pigmentation in Guinea pig skin[J]. Biomolecules &therapeutics, 2014, 22(1): 35.

[125] LE QUÉRÉ S, LACAN D, LEMAIRE B, et al. The role of superoxide dismutase (SOD) in skin disorders[J]. Nutrafoods, 2014, 13(1): 13-27.

[126] SACHKOVA A S, KOVEL E S, CHURILOV G N, et al. On mechanism of antioxidant effect of fullerenols[J]. Biochemistry and biophysics reports, 2017, 9: 1-8.

[127] MOUSAVI S Z, NAFISI S, MAIBACH H I. Fullerene nanoparticle in dermatological and cosmetic applications[J]. Nanomedicine: Nanotechnology, Biology and Medicine, 2017,13(3): 1071-1087.

[128] SAITOH Y, MIYANISHI A, MIZUNO H, et al. Super-highly hydroxylated fullerene derivative protects human keratinocytes from UV-induced cell injuries together with the decreases in intracellular ROS generation and DNA damages[J]. Journal of Photochemistry and Photobiology B: Biology, 2011, 102(1): 69-76.

[129] DIEDERICH F, GÓMEZ-LÓPEZ M. Supramolecular fullerene chemistry[J]. Chemical Society Reviews, 1999, 28(5): 263-277.

[130] LEÓN-CARMONA J R, GALANO A. Is caffeine a good scavenger of oxygenated free radicals?[J]. The Journal of Physical Chemistry B, 2011, 115(15): 4538-4546.

[131] HERMAN A, HERMAN A P. Caffeine's mechanisms of action and its cosmetic use[J].Skin pharmacology and physiology, 2013, 26(1): 8-14.

[132] BRANDNER J M, BEHNE M J, HUESING B, et al. Caffeine improves barrier function in male skin[J]. International journal of cosmetic science, 2006, 28(5): 343-347.

[133] HEXSEL D, ORLANDI C, ZECHMEISTER DO PRADO D. Botanical extracts used in the treatment of cellulite[J]. Dermatologic surgery, 2005, 31: 866-873.

[134] SCHWARZ A, MAEDA A, GAN D, et al . Green tea phenol extracts reduce UVB‐induced DNA damage in human cells via interleukin‐12[J]. Photochemistry and photobiology,2008, 84(2): 350-355.

[135] CAMOUSE M M, DOMINGO D S, SWAIN F R, et al. Topical application of green and white tea extracts provides protection from solar‐simulated ultraviolet light in human skin[J].Experimental dermatology, 2009, 18(6): 522-526.

[136] ELMETS C A, SINGH D, TUBESING K, et al. Cutaneous photoprotection from ultraviolet injury by green tea polyphenols[J]. Journal of the American Academy of Dermatology,2001, 44(3): 425-432.

[137] KATIYAR S K, AFAQ F, PEREZ A, et al. Green tea polyphenol (−)-epigallocatechin-3-gallate treatment of human skin inhibits ultraviolet radiation-induced oxidative stress[J].Carcinogenesis, 2001, 22(2): 287-294.

[138] DONG K K, DAMAGHI N, KIBITEL J, et al. A comparison of the relative antioxidant potency of L‐ergothioneine and idebenone[J]. Journal of cosmetic

dermatology, 2007, 6(3):183-188.

[139] MARKOVA N G, KARAMAN-JURUKOVSKA N, DONG K K, et al. Skin cells and tissue are capable of using L-ergothioneine as an integral component of their antioxidant defense、 system[J]. Free Radical Biology and Medicine, 2009, 46(8): 1168-1176.

[140] SANTOCONO M, ZURRIA M, BERRETTINI M, et al. Influence of astaxanthin, zeaxanthin and lutein on DNA damage and repair in UVA-irradiated cells[J]. Journal of Photochemistry and Photobiology B: Biology, 2006, 85(3): 205-215.

[141] HIGUERA-CIAPARA I, FELIX-VALENZUELA L, GOYCOOLEA F M. Astaxanthin: a review of its chemistry and applications[J]. Critical reviews in food science and nutrition, 2006,46(2): 185-196.

[142] NISHIGAKI I, RAJENDRAN P, VENUGOPAL R, et al. Cytoprotective role of astaxanthin against glycated protein/iron chelate‐induced toxicity in human umbilical vein endothelial cells[J]. Phytotherapy Research: An International Journal Devoted to Pharmacological and Toxicological Evaluation of Natural Product Derivatives, 2010,24(1): 54-59.

[143] KIDD P. Astaxanthin, cell membrane nutrient with diverse clinical benefits and antiaging potential[J]. Altern Med Rev, 2011, 16(4): 355-364.

[144] AMBATI R R, PHANG S M, RAVI S, et al. Astaxanthin: sources, extraction, stability,biological activities and its commercial applications—a review[J]. Marine drugs, 2014,12(1): 128-152.

[145] ITO N, SEKI S, UEDA F. The protective role of astaxanthin for UV-induced skin deterioration in healthy people—a randomized, double-blind, placebo-controlled trial[J]. Nutrients, 2018, 10(7): 817.

[146] RASHID I, VAN REYK D M, DAVI ES M J. Carnosine and its constituents inhibit glycation of low-density lipoproteins that promotes foam cell formation in vitro[J]. FEBS letters,2007, 581(5): 1067-1070.

[147] GUIOTTO A, CALDERAN A, RUZZA P, et al. Carnosine and carnosine-related antioxidants:a review[J]. Current medicinal chemistry, 2005, 12(20): 2293-2315.

[148] HIPKISS A R. Carnosine, a protective, anti-ageing peptide?[J]. The international journal of biochemistry & cell biology, 1998, 30(8): 863-868.

[149] REDDY V P, GARRETT M R, PERRY G, et al. Carnosine: a versatile antioxidant and antiglycating agent[J]. Sci Aging Knowledge Environ, 2005, 18:

e12.

[150] SAUERH•FER S, YUAN G, BRAUN G S, et al. L-carnosine, a substrate of carnosinase-1,influences glucose metabolism[J]. Diabetes, 2007, 56(10): 2425-2432.

[151] DUPONT E, GOMEZ J, BILODEAU D. Beyond UV radiation: a skin under challenge[J].International journal of cosmetic science, 2013, 35(3): 224-232.

[152] CAMOUSE M M, DOMINGO D S, SWAIN F R, et al. Topical application of green and white tea extracts provides protection from solar‐simulated ultraviolet light in human skin[J].Experimental dermatology, 2009, 18(6): 522-526.

[153] ELMETS C A, SINGH D, TUBESING K, et al. Cutaneous photoprotection from ultraviolet injury by green tea polyphenols[J]. Journal of the American Academy of Dermatology,2001, 44(3): 425-432.

[154] WULF H C, STENDER I M, LOCK‐AND ERSEN J. Sunscreens used at the beach do not protect against erythema: a new definition of SPF is proposed[J]. Photodermatology,photoimmunology & photomedicine, 1997, 13(4): 129-132.

[155] OSTERWALDER U, SOHN M, HERZOG B. Global state of sunscreens[J]. Photodermatology,photoimmunology & photomedicine, 2014, 30(2-3): 62-80.

[156] NICOL I, GAUDY C, GOUVERNET J, et al. Skin protection by sunscreens is improved by explicit labeling and providing free sunscreen[J]. Journal of Investigative Dermatology,2007, 127(1): 41-48.

[157] QIU H, FLAMENT F, LONG X, et al. Seasonal skin darkening in Chinese women: the Shanghaiese experience of daily sun protection[J]. Clinical, cosmetic and investigational dermatology, 2013, 6: 151.

[158] LAKHDAR H, ZOUHAIR K, KHADIR K, et al. Evaluation of the effectiveness of a broadspectrum sunscreen in the prevention of chloasma in pregnant women[J]. Journal of the European Academy of Dermatology and Venereology, 2007, 21(6): 738-742.

[159] SCHROEDER P, CALLES C, BENESOVA T, et al. Photoprotection beyond ultraviolet radiation–effective sun protection has to include protection against infrared A radiation-induced skin damage[J]. Skin Pharmacology and Physiology, 2010, 23(1):15-17.

[160] MATSUI M S, HSIA A, MILLER J D, et al. Non-sunscreen

photoprotection: antioxidants add value to a sunscreen[C]//Journal of Investigative Dermatology Symposium Proceedings. Elsevier, 2009, 14(1): 56-59.

[161] WU Y, MATSUI M S, CHEN J Z S, et al . Antioxidants add protection to a broad‐spectrum sunscreen[J]. Clinical and Experimental Dermatology: Experimental dermatology,2011, 36(2): 178-187.

[162] MORE B D. Physical sunscreens: on the comeback trail[J]. Indian Journal of Dermatology, Venereology, and Leprology, 2007, 73(2): 80.

[163] WANG S Q, OSTERWALDER U, JUNG K. Ex vivo evaluation of radical sun protection factor in popular sunscreens with antioxidants[J]. Journal of the American Academy of Dermatology, 2011, 65(3): 525-530.

[164] WU Y, MATSUI M S, CHEN J Z S, et al . Antioxidants add protection to a broad‐spectrum sunscreen[J]. Clinical and Experimental Dermatology: Experimental dermatology,2011, 36(2): 178-187.

[165] DRÉNO B, ALEXIS A, CHUBERRE B, et al. Safety of titanium dioxide nanoparticles in cosmetics[J]. Journal of the European Academy of Dermatology and Venereology,2019, 33: 34-46.

[166] RASMUSSEN K, MECH A, RAUSCHER H. Characterisation of Nanomaterials with Focus on Metrology, Nanoreference Materials and Standardisation[M]//Nanocosmetics. Springer, Cham, 2019: 233-265.

[167] Nanocosmetics and nanomedicines: new approaches for skin care[M]. Springer Science & Business Media, 2011.

[168] Nanocosmetics: From Ideas to Products[M]. Springer, 2019.

[169] DETONI C B, CORADINI K, BACK P, et al. Penetration, photo-reactivity and photoprotective properties of nanosized ZnO[J]. Photochemical & Photobiological Sciences, 2014,13(9): 1253-1260.

[170] BOTTA C, DI GIORGIO C, SABATIER A S, et al. Genotoxicity of visible light (400–800nm) and photoprotection assessment of ectoin, L-ergothioneine and mannitol and four sunscreens[J]. Journal of Photochemistry and Photobiology B: Biology, 2008, 91(1):24-34.

[171] MATTA M K, ZUSTERZEEL R, PILLI N R, et al. Effect of sunscreen application under maximal use conditions on plasma concentration of sunscreen active ingredients: a randomized clinical trial[J]. Jama, 2019, 321(21): 2082-2091.

[172] RUVOLO E, AESCHLIMAN L, COLE C. Evaluation of sunscreen efficacy over time and re‐application using hybrid diffuse reflectance spectroscopy[J]. Photodermatology,Photoimmunology & Photomedicine, 2020,

36(3): 192-199.

[173] LIM Y, LEE S H, LI Y, et al. Transparent and UV‐Reflective Photonic Films and Supraballs Composed of Hollow Silica Nanospheres[J]. Particle & Particle SystemsCharacterization, 2020, 37(4): 1900405.

[174] SARAVANAN D. UV protection textile materials[J]. AUTEX Research Journal, 2007, 7(1):53-62.

[175] MORISON W L. Photoprotection by clothing[J]. Dermatologic therapy, 2003, 16(1): 16-22.

[176] LEE Y A, ASHDOWN S P, SLOCUM A C. Measurement of Surface Area of 3‐D Body Scans to Assess the Effectiveness of Hats for Sun Protection[J]. Family and Consumer Sciences Research Journal, 2006, 34(4): 366-385.

[177] 陈美君, 彭文娟. 影响遮阳伞防紫外性能的因素分析 [J]. 纺织报告, 2017 (3): 21-23.

[178] 郑攀. 浅析户外工作人员防晒服防晒标准及防护措施 [J]. 轻纺工业与技术, 2015 (2015 年 03):57-58.

[179] GB/T18830-2009

[180] MAC-MARY S, SOLINIS I Z, PREDINE O, et al. Identification Of Three Key Factors Contributing To The Aetiology Of Dark Circles By Clinical And Instrumental Assessments Of The Infraorbital Region[J]. Clinical, Cosmetic and Investigational Dermatology, 2019, 12: 919.

[181] MATSUI M S, SCHALKA S, VANDEROVER G, et al. Physiological and lifestyle factors contributing to risk and severity of peri-orbital dark circles in the Brazilian population[J].Anais Brasileiros de Dermatologia, 2015, 90(4): 494-503.

[182] LUPI O, SEMENOVITCH I J, TREU C, et al . Evaluation of the effects of caffeine in the microcirculation and edema on thighs and buttocks using the orthogonal polarization spectral imaging and clinical parameters[J]. Journal of cosmetic dermatology, 2007,6(2): 102-107.

[183] KENNON L. Some aspects of toiletries technology[J]. Journal of Pharmaceutical Sciences, 1965, 54(6): 813-831.

[184] ROBINSON J R. otc deodorants and antiperspirants[J]. Journal of the American、Pharmaceutical Association (1961), 1967, 7(2): 75-93.

[185] Antiperspirants and deodorants[M]. CRC Press, 1999.

[186] 崔晓, 程飚, 刘坚. 汗液代谢在机体活动中的生物学角色 [J]. 感染. 炎症. 修复, 2013, 14(3): 180-183.

[187] CRANE J D, MACNEIL L G, LALLY J S, et al. Exercise‑stimulated interleukin‑15 is controlled by AMPK and regulates skin metabolism and aging[J]. Aging cell, 2015,14(4): 625-634.

[188] PUIZINA-IVIC N. Skin aging[J]. Acta Dermatovenerologica Alpina Panonica Et Adriatica,2008, 17(2): 47.

[189] GOMEZ-CABRERA M C, DOMENECH E, VI•A J. Moderate exercise is an antioxidant:upregulation of antioxidant genes by training[J]. Free radical biology and medicine,2008, 44(2): 126-131.

[190 PEDERSEN B K. Which type of exercise keeps you young?[J]. Current Opinion in Clinical Nutrition & Metabolic Care, 2019, 22(2): 167-173.

[191] PEDERSEN B K. The physiology of optimizing health with a focus on exercise as medicine[J]. Annual review of physiology, 2019, 81: 607-627.

[192] KRUK J, DUCHNIK E. Oxidative stress and skin diseases: possible role of physical activity[J]. Asian Pac J Cancer Prev, 2014, 15(2): 5 61-568.

[193] ALAM M, WALTER A J, GEISLER A, et al. Association of facial exercise with the appearance of aging[J]. JAMA dermatology, 2018, 154(3): 365-367.

[194] ANDERSON E H, SHIVAKUMAR G. Effects of exercise and physical activity on anxiety[J].Frontiers in psychiatry, 2013, 4: 27.

[195] ENSARI I, SANDROFF B M, MOTL R W. Effects of single bouts of walking exercise and yoga on acute mood symptoms in people with multiple sclerosis[J]. International journal of MS care, 2016, 18(1): 1-8.

[196] BONARDI J M T, LIMA L G, CAMPOS G O, et al. Effect of different types of exercise on sleep quality of elderly subjects[J]. Sleep Medicine, 2016, 25: 122-129.

[197] 刘青，伍筱铭，王永慧，等. 皮肤屏障功能修复及相关皮肤疾病的研究进展 [J]. 皮肤科学通报,2017, 34(4): 432-436.

[198] 何黎，郑捷，马慧群，等. 中国敏感性皮肤诊治专家共识 [J]. 中国皮肤性病学杂志, 2017, 31(1):1-4.

[199] 廖勇，敖俊红，杨蓉娅. 瘙痒研究国际论坛敏感性皮肤兴趣组《敏感性皮肤定义专家共识》解读 [J]. 实用皮肤病学杂志, 2017 (2017 年 04): 219-220.

[200] MAO-QIANG M, FEINGOLD K R, THORNFELDT C R, et al. Optimization of physiological lipid mixtures for barrier repair[J]. Journal of Investigative Dermatology, 1996, 106(5):1096-1101.

[201] CHAMLIN S L, KAO J, FRIEDEN I J, et al. Ceramide-dominant barrier

repair lipids alleviate childhood atopic dermatitis: changes in barrier function provide a sensitive indicator of disease activity[J]. Journal of the American Academy of Dermatology, 2002, 47(2):198-208.

[202] HON K L, LEUNG A K C, Barankin B. Barrier repair therapy in atopic dermatitis: an overview[J]. American journal of clinical dermatology, 2013, 14(5): 389-399.

[203] LIN T K, ZHONG L, SANTIAGO J L. Anti-inflammatory and skin barrier repair effects of topical application of some plant oils[J]. International journal of molecular sciences,2018, 19(1): 70.

[204] GOLEVA E, BERDYSHEV E, LEUNG D Y M. Epithelial barrier repair and prevention of allergy[J]. The Journal of clinical investigation, 2019, 129(4): 1463-1474.

[205] ELIAS P M, WAKEFIELD J S, MAN M Q. Moisturizers versus current and next-generation barrier repair therapy for the management of atopic dermatitis[J]. Skin Pharmacology and Physiology, 2019, 32(1): 1-7.

[206] KIM S, HONG I, HWANG J S , et al. Phytosphingosine stimulates the differentiation of human keratinocytes and inhibits TPA-induced inflammatory epidermal hyperplasia in hairless mouse skin[J]. Molecular medicine, 2006, 12(1): 17-24.

[207] HUANG H C, CHANG T M. Ceramide 1 and ceramide 3 act synergistically on skin hydration and the transepidermal water loss of sodium lauryl sulfate‐irritated skin[J].International journal of dermatology, 2008, 47(8): 812-819.

[208] PAVICIC T, WOLLENWEBER U, FARWICK M, et al. Anti‐microbial and‐inflammatory activity and efficacy of phytosphingosine: an in vitro and in vivo study addressing acne vulgaris[J]. International journal of cosmetic science, 2007, 29(3): 181-190.

[209] CHOI H K, CHO Y H, LEE E O, et al. Phytosphingosine enhances moisture level in human skin barrier through stimulation of the filaggrin biosynthesis and degradation leading to NMF formation[J]. Archives of Dermatological Research, 2017, 309(10):795-803.

[210] Bioactive Ceramides in Health and Disease: Intertwined Roles of Enigmatic Lipids[M].Springer Nature, 2019.

[211] STIBAN J. Introduction: enigmas of sphingolipids[M]//Bioactive Ceramides in Health and Disease. Springer, Cham, 2019: 1-3.

[212] GUÉNICHE A, BASTIEN P, OVIGNE J M, et al. Bifidobacterium longum lysate, a new ingredient for reactive skin[J]. Experimental dermatology, 2010, 19(8): e1-e8.

[213] US 2015/007 1895 A1

[214] US 9 , 814 , 665 B2

[215] US 2018 / 0125778 A1

[216] SZOLLOSI A G, GUENICHE A, JAMMAYRAC O, et al. Bifidobacterium longum extract exerts pro-differentiating effects on human epidermal keratinocytes, in vitro[J]. Exp dermatol,2017, 26(1): 92-4.

[217] SCHROM K P, AHSANUDDIN S, BAECHTOLD M, et al. Acne Severity and Sleep Quality in Adults[J]. Clocks & Sleep, 2019, 1(4): 510-516.

[218] WU T Q, MEI S Q, ZHANG J X, et al. Prevalence and risk factors of facial acne vulgaris among Chinese adolescents[J]. International journal of adolescent medicine and health, 2007, 19(4): 407-412.

[219] 马英 , 项蕾红 . 痤疮发病机制及治疗目标的新认识 [J]. 临床皮肤科杂志 , 2015, 44(1): 66-69.

[220] 项蕾红 . 中国痤疮治疗指南 (2014 修订版)[J]. 临床皮肤科杂志 , 2015, 44(1): 52-57.

[221] 鞠强 . 中国痤疮治疗指南 (2019 修订版)[J]. 临床皮肤科杂志 , 2019 (9): 23.

[222] FULTON J E. Comedogenicity and irritancy of commonly used ingredients in skin care products[J]. J. Soc. Cosmet. Chem., 1989, 40: 321-333.

[223] STRAUSS J S, JACKSON E M. American Academy of Dermatology invitational symposium on comedogenicity[J]. Journal of the American Academy of Dermatology, 1989, 20(2): 272-277.

[224] MELNIK B C. Linking diet to acne metabolomics, inflammation, and comedogenesis: an update[J]. Clinical, cosmetic and investigational dermatology, 2015, 8: 371.

[225] LEE H S, KIM I H. Salicylic acid peels for the treatment of acne vulgaris in Asian patients[J]. Dermatologic surgery, 2003, 29(12): 1196-1199.

[226] DAVIES M, MARKS R. Studies on the effect of salicylic acid on normal skin[J]. British Journal of Dermatology, 1976, 95(2): 187-192.

[227] NGUYEN Q H, BUI T P. Azelaic acid: pharmacokinetic and pharmacodynamic properties and its therapeutic role in hyperpigmentary disorders and acne[J]. International journal of dermatology, 1995, 34(2): 75-84.

[228] SIEBER M A, HEGEL J K E. Azelaic acid: properties and mode of action[J]. Skin pharmacology and physiology, 2014, 27(Suppl. 1): 9-17.

[229] ORTONNE J P. Photoprotective properties of skin melanin[J]. British Journal of Dermatology, 2002, 146: 7-10.

[230] SUGIMOTO K, NISHIMURA T, NOMURA K, et al. Inhibitory effects of α-arbutin on melanin synthesis in cultured human melanoma cells and a three-dimensional human skin model[J]. Biological and Pharmaceutical Bulletin, 2004, 27(4): 510-514.

[231] GARCIA-JIMENEZ A, TERUEL-PUCHE J A, BERNA J, et al. Action of tyrosinase on alpha and beta-arbutin: A kinetic study[J]. PLoS One, 2017, 12(5): e0177330.

[232] 刘园园, 李欣, 靳佳慧, 等. 苯乙基间苯二酚对 UVB 诱导的人皮肤黑素细胞氧化模型损伤的保护作用及其机制 [J]. 中国皮肤性病学杂志, 2018 (10): 1.

[233] KIM B S, NA Y G, CHOI J H, et al. The improvement of skin whitening of phenylethyl resorcinol by nanostructured lipid carriers[J]. Nanomaterials, 2017, 7(9): 241.

[234] KANG M, PARK S H, PARK S J, et al. p44/42 MAPK signaling is a prime target activated by phenylethyl resorcinol in its anti-melanogenic action[J]. Phytomedicine, 2019, 58:152877.

[235] KOLBE L, MANN T, GERWAT W, et al. 4 - n - butylresorcinol, a highly effective tyrosinase inhibitor for the topical treatment of h yperpigmentation[J]. Journal of the European Academy of Dermatology and Venereology, 2013, 27: 19-23.

[236] LEE S J, SON Y H, LEE K B, et al. 4 - n - butylresorcinol enhances proteolytic degradation of tyrosinase in B16F10 melanoma cells[J]. International journal of cosmetic science, 2017, 39(3): 248-255.

[237] COUTEAU C, COIFFARD L. Overview of skin whitening agents: Drugs and cosmetic products[J]. Cosmetics, 2016, 3(3): 27.

[238] SMIT N, VICANOVA J, PAVEL S. The hunt for natural skin whitening agents[J]. International journal of molecular sciences, 2009, 10(12): 5326-5349.

[239] FORBAT E, AL - NIAIMI F, ALI F R. Use of nicotinamide in dermatology[J]. Clinical and experimental dermatology, 2017, 42(2): 137-144.

[240] DRAELOS Z D, MATSUBARA A, SMILES K. The effect of 2% niacinamide on facial sebum production[J]. Journal of Cosmetic and Laser Therapy, 2006, 8(2): 96-101.

[241] KIMBALL A B, KACZVINSKY J R, LI J, et al. Reduction in the appearance of facial hyperpigmentation after use of moisturizers with a combination of topical niacinamide and N‑acetyl glucosamine: results of a randomized, double‑blind, vehicle‑controlled trial[J]. British Journal of Dermatology, 2010, 162(2): 435-441.

[242] GREATENS A, HAKOZAKI T, KOSHOFFER A, et al. Effective inhibition of melanosome transfer to keratinocytes by lectins and niacinamide is reversible[J]. Experimental dermatology,2005, 14(7): 498-508.

[243] HAKOZAKI T, MINWALLA L, ZHUANG J, et al. The effect of niacinamide on reducing cutaneous pigmentation and suppression of melanosome transfer[J]. British Journal of Dermatology, 2002, 147(1): 20-31.

[244] 周轶, 陈力. 果酸在皮肤科的应用 [J]. 中国中西医结合皮肤性病学杂志, 2009, 8(6): 389-391.

[245] 孟慧敏, 李利. 果酸的作用机制及临床应用 [J]. 皮肤病与性病, 2014, 36(3): 155-157.

[246] BAGATIN E, DOS SANTOS GUADANHIM L R. Hydroxy Acids[J]. Daily Routine in Cosmetic Dermatology, 2017: 169-79.

[247] KORNHAUSER A, WEI R R, YAMAGUCHI Y, et al. The effects of topically applied glycolic acid and salicylic acid on ultraviolet radiation-induced erythema, DNA damage and sunburn cell formation in human skin[J]. Journal of dermatological science, 2009,55(1): 10-17.

[248] STILLER M J, BARTOLONE J, STERN R, et al. Topical 8% glycolic acid and 8% L-lactic acid creams for the treatment of photodamaged skin: a double-blind vehicle-controlled clinical trial[J]. Archives of dermatology, 1996, 132(6): 631-636.

[249] ZHANG J P, CHEN Q X, SONG K K, et al. Inhibitory effects of salicylic acid family compounds on the diphenolase activity of mushroom tyrosinase[J]. Food Chemistry,2006, 95(4): 579-584.

[250] JENNIFER C, STEPHIE C M, ABHISHRI S B, et al. A review on skin whitening property of plant extracts[J]. International Journal of Pharma and Bio Sciences, 2012, 3(4): 332-347.

[251] KAKITA L S, LOWE N J. Azelaic acid and glycolic acid combination therapy for facial hyperpigmentation in darker-skinned patients: a clinical comparison with hydroquinone[J]. Clinical therapeutics, 1998, 20(5): 960-970.

[252] BYLKA W, ZNAJDEK-AWI• EŃ P, STUDZIŃSKA-SROKA E, et al.

Centella asiatica in cosmetology[J]. Advances in Dermatology and Allergology/ Post• py Dermatologii I Alergologii, 2013, 30(1): 46.

[253] PARK J H, CHOI J Y, SON D J, et al. Anti-inflammatory effect of titrated extract of Centella asiatica in phthalic anhydride-induced allergic dermatitis animal model[J].International journal of molecular sciences, 2017, 18(4): 738.

[254] HAFTEK M, MAC‐MARY S, BITOUX M A L, et al. Clinical, biometric and structural evaluation of the long‐term effects of a topical treatment with ascorbic acid and madecassoside in photoaged human skin[J]. Experimental dermatology, 2008, 17(11): 946-952.

[255] HASHIM P, SIDEK H, HELAN M H M, et al. Triterpene composition and bioactivities of Centella asiatica[J]. Molecules, 2011, 16(2): 1310-1322.

[256] JUNG E, LEE J A, SHIN S, et al. Madecassoside inhibits melanin synthesis by blocking ultraviolet-induced inflammation[J]. Molecules, 2013, 18(12): 15724-15736.

[257] US Food and Drug Administration. FDA regulation of cannabis and cannabis-derived products, including cannabidiol (CBD)[J]. 2019.

[258] CHELLIAH M P, ZINN Z, KHUU P, et al. Self‐initiated use of topical cannabidiol oil for epidermolysis bullosa[J]. Pediatric Dermatology, 2018, 35(4): e224-e227.

[259] OLÁH A, TÓTH B I, BORBÍRÓ I, et al. Cannabidiol exerts sebostatic and antiinflammatory effects on human sebocytes[J]. The Journal of clinical investigation, 2014, 124(9):3713-3724.

[260] PALMIERI B, LAURINO C, VADALÀ M. A therapeutic effect of cbd-enriched ointment in inflammatory skin diseases and cutaneous scars[J]. Clin Ter, 2019, 170(2): e93-e99.

[261] GAO W, TAN J, HÜLS A, et al. Genetic variants associated with skin aging in the Chinese Han population[J]. Journal of dermatological science, 2017, 86(1): 21-29.

[262] LI S, CHRISTIANSEN L, CHRISTENSEN K, et al. Identification, replication and characterization of epigenetic remodelling in the aging genome: a cross population analysis[J].Scientific reports, 2017, 7(1): 1-8.

[263] GIULIANI A, PRATTICHIZZO F, MICOLUCCI L, et al. Mitochondrial (Dys) function in inflammaging: do MitomiRs influence the energetic, oxidative, and inflammatory status of senescent cells?[J]. Mediators of inflammation, 2017,

2017.

[264] CAMPISI J, KAPAHI P, LITHGOW G J, et al. From discoveries in ageing research to therapeutics for healthy ageing[J]. Nature, 2019, 571(7764): 183-192.

[265] FLAMENT F, LEE Y W, LEE D H, et al. The continuous development of a complete and objective automatic grading system of facial signs from selfie pictures: Asian validation study and application to women of three ethnic origins, differently aged[J]. Skin Research and Technology, 2020.

[266] MA X, ZHENG Q, ZHAO G, et al. Regulation of cellular senescence by microRNAs[J].Mechanisms of Ageing and Development, 2020: 111264.

[267] SOK J, PINEAU N, DALKO-CSIBA M, et al. Improvement of the dermal epidermal junction in human reconstructed skin by a new c-xylopyranoside derivative[J]. European Journal of Dermatology, 2008, 18(3): 297-3 02.

[268] CAVEZZA A, BOULLE C, GUÉGUINIAT A, et al. Synthesis of Pro-XylaneTM: A new biologically active C-glycoside in aqueous media[J]. Bioorganic & medicinal chemistry letters, 2009, 19(3): 845-849.

[269] DELOCHE C, MINONDO A M, BERNARD B A, et al. Effect of C-xyloside on morphogenesis of the dermal epidermal junction in aged female skin. An unltrastructural pilot study[J].European Journal of Dermatology, 2011, 21(2): 191-196.

[270] PINEAU N, CARRINO D A, CAPLAN A I, et al. Biological evaluation of a new C-xylopyranoside derivative (C-Xyloside) and its role in glycosaminoglycan biosynthesis[J]. European Journal of Dermatology, 2011, 21(3): 359-370.

[271] VASSAL-STERMANN E, DURANTON A, BLACK A F, et al. A New C-Xyloside induces modifications of GAG expression, structure and functional properties[J]. PLoS One, 2012, 7(10): e47933.

[272] BOULOC A, ROO E, MOGA A, et al. A Compensating Skin Care Complex Containing Pro-xylane in Menopausal Women: Results from a Multicentre, Evaluator-blinded, Randomized Study[J]. Acta dermato-venereologica, 2017, 97(4): 541-542.

[273] KANG S, DUELL E A, FISHER G J, et al. Application of retinol to human skin in vivo induces epidermal hyperplasia and cellular retinoid binding proteins characteristic of retinoic acid but without measurable retinoic acid levels or irritation[J]. Journal of Investigative Dermatology, 1995, 105(4): 549-556.

[274] DIDIERJEAN L, CARRAUX P, GRAND D, et al. Topical retinaldehyde

increases skin content of retinoic acid and exerts biologic activity in mouse skin[J]. Journal of investigative dermatology, 1996, 107(5): 714-719.

[275] FLUHR J W, VIENNE M P, LAUZE C, et al. Tolerance profile of retinol, retinaldehyde and retinoic acid under maximized and long-term clinical conditions[J]. Dermatology, 1999, 199(Suppl. 1): 57-60.

[276] VARANI J, WARNER R L, GHARAEE-KERMANI M, et al. Vitamin a antagonizes decreased cell growth and elevated collagen-degrading matrix metalloproteinases and stimulates collagen accumulation in naturally aged human skin1[J]. Journal of Investigative Dermatology, 2000, 114(3): 480-486.

[277] TOLLESON W H, CHERNG S H, XIA Q, et al. Photodecomposition and phototoxicity of natural retinoids[J]. International journal of environmental research and public health, 2005, 2(1): 147-155.

[278] KAFI R, KWAK H S R, SCHUMACHER W E, et al. Improvement of naturally aged skin with vitamin a (retinol)[J]. Archives of dermatology, 2007, 143(5): 606-612.

[279] ZASADA M, BUDZISZ E. Retinoids: Active molecules influencing skin structure formation in cosmetic and dermatological treatments[J]. Advances in Dermatology and Allergology/Post py Dermatologii i Alergologii, 2019, 36(4): 392.

[280] BLANES - MIRA C, CLEMENTE J, JODAS G, et al. A synthetic hexapeptide (Argireline) with antiwrinkle activity[J]. International journal of cosmetic science, 2002, 24(5): 303-310.

[281] GOROUHI F, MAIBACH H I. Role of topical peptides in preventing or treating aged skin[J]. International journal of cosmetic science, 2009, 31(5): 327-345.

[282] LUNGU C, CONSIDINE E, ZAHIR S, et al. Pilot study of topical acetyl hexapeptide - 8 in the treatment for blepharospasm in patients receiving botulinum toxin therapy[J]. European journal of neurology, 2013, 20(3): 515-518.

[283] HOPPEL M, REZNICEK G, KÄHLIG H, et al. Topical delivery of acetyl hexapeptide-8 from different emulsions: influence of emulsion composition and internal structure[J]. European Journal of Pharmaceutical Sciences, 2015, 68: 27-35.

[284] KRAELING M E K, ZHOU W, WANG P, et al. In vitro skin penetration of acetyl hexapeptide-8 from a cosmetic formulation[J]. Cutaneous and ocular toxicology, 2015, 34(1): 46-52.

[285] MAQUART F X, PICKART L, LAURENT M, et al. Stimulation of

collagen synthesis in fibroblast cultures by the tripeptide‐copper complex glycyl‐L‐histidyl‐L‐lysine‐Cu2+[J]. FEBS letters, 1988, 238(2): 343-346.

[286] PICKART L. The human tri-peptide GHK and tissue remodeling[J]. Journal of Biomaterials Science, Polymer Edition, 2008, 19(8): 969-988.

[287] PICKART L, VASQUEZ-SOLTERO J M, MARGOLINA A. The human tripeptide GHK-Cu in prevention of oxidative stress and degenerative conditions of aging: implications for cognitive health[J]. Oxidative medicine and cellular longevity, 2012, 2012.

[288] PICKART L, VASQUEZ-SOLTERO J M, MARGOLINA A. GHK peptide as a natural modulator of multiple cellular pathways in skin regeneration[J]. BioMed research international, 2015, 2015.

[289] PARK J R, LEE H, KIM S I, et al. The tri-peptide GHK-Cu complex ameliorates lipopolysaccharide-induced acute lung injury in mice[J]. Oncotarget, 2016, 7(36): 58405.

[290] GRAHAM D T, GOODELL H, WOLFF H G. Neural mechanisms involved in itch, "itchy skin," and tickle sensations[J]. The Journal of clinical investigation, 1951, 30(1): 37-49.

[291] MEYER-HOFFERT U. Reddish, scaly, and itchy: how proteases and their inhibitors contribute to inflammatory skin diseases[J]. Archivum immunologiae et therapiae experimentalis, 2009, 57(5): 345-354.

[292] 蔡瑞康, 党育平, 许灿龙. 老年性皮肤瘙痒症研究概况 [J]. 空军医学杂志, 2011.

[293] 廖万清, 朱宇. 皮肤瘙痒的研究进展及治疗现状 [J]. 解放军医学杂志, 2011, 36(6): 555-557.

[294] MEYER-HOFFERT U. Reddish, scaly, and itchy: how proteases and their inhibitors contribute to inflammatory skin diseases[J]. Archivum immunologiae et therapiae experimentalis, 2009, 57(5): 345-354.

[295] ELMARIAH S B. Diagnostic work-up of the itchy patient[J]. Dermatologic clinics, 2018, 36(3): 179-188.

[296] LAWTON S. Practical issues for emollient therapy in dry and itchy skin[J]. British Journal of Nursing, 2009, 18(16): 978-984.

[297] YANG T L B, KIM B S. Scratching Beyond the Surface of Itchy Wounds[J]. Immunity, 2020, 53(2): 235-237.

[298] HASHIMOTO T, YOSIPOVITCH G. Itchy body: Topographical difference of itch and scratching and C Nerve fibres[J]. Experimental dermatology,

2019, 28(12): 1385-1389.

[299] KIM K H, KABIR E, JAHAN S A. The use of personal hair dye and its implications for human health[J]. Environment international, 2016, 89: 222-227.

[300] DA FRANÇA S A, DARIO M F, ESTEVES V B, et al. Types of hair dye and their mechanisms of action[J]. Cosmetics, 2015, 2(2): 110-126.

[301] MOUNSEY A, REED S W. Diagnosing and treating hair loss[J]. American family physician, 2009, 80(4): 356-362.

[302] MITEVA M, TOSTI A. Hair and scalp dermatoscopy[J]. Journal of the American Academy of Dermatology, 2012, 67(5): 1040-1048.

[303] MUBKI T, RUDNICKA L, OLSZEWSKA M, et al. Evaluation and diagnosis of the hair loss patient: part II. Trichoscopic and laboratory evaluations[J]. Journal of the American Academy of Dermatology, 2014, 71(3): 431. e1-431. e11.

[304] WO 2006/097359 A1

[305] US005466694A

[306] SHAPIRO J. Hair loss in women[J]. New England Journal of Medicine, 2007, 357(16): 1620-1630.

[307] CLOETE E, KHUMALO N P, NGOEPE M N. The what, why and how of curly hair: a review[J]. Proceedings of the Royal Society A, 2019, 475(2231): 20190516.

[308] PARK J H, PARK J M, KIM N R, et al. Hair diameter evaluation in different regions of the safe donor area in Asian populations[J]. International Journal of Dermatology, 2017, 56(7): 784-787.

[309] LASISI T, ITO S, WAKAMATSU K, et al. Quantifying variation in human scalp hair fiber shape and pigmentation[J]. American journal of physical anthropology, 2016, 160(2): 341-352.

[310] NAGASE S, TSUCHIYA M, MATSUI T, et al. Characterization of curved hair of Japanese women with reference to internal structures and amino acid composition[J]. Journal of cosmetic science, 2008, 59(4): 317-332.

[311] ROMEIJN N, VERWEIJ I M, KOELEMAN A, et al. Cold hands, warm feet: sleep deprivation disrupts thermoregulation and its association with vigilance[J]. Sleep, 2012, 35(12): 1673-1683.

[312] SUNDELIN T, LEKANDER M, KECKLUND G, et al. Cues of fatigue: effects of sleep deprivation on facial appearance[J]. Sleep, 2013, 36(9): 1355-1360.

[313] KAHAN V, RIBEIRO D A, EGYDIO F, et al. Is lack of sleep capable of inducing DNA damage in aged skin?[J]. Skin pharmacology and physiology, 2014, 27(3): 127-131.

[314] OYETAKIN‐WHITE P, SUGGS A, KOO B, et al. Does poor sleep quality affect skin ageing?[J]. Clinical and experimental dermatology, 2015, 40(1): 17-22.

[315] ANSON G, KANE M A C, LAMBROS V. Sleep wrinkles: facial aging and facial distortion during sleep[J]. Aesthetic Surgery Journal, 2016, 36(8): 931-940.

[316] WALIA H K, MEHRA R. Overview of common sleep disorders and intersection with dermatologic conditions[J]. International journal of molecular sciences, 2016, 17(5): 654.

[317] ANDRZEJ SLOMINSKI,DESMOND J. TOBIN,MICHAL A. ZMIJEWSKI,JACOBO WORTSMAN,RALF PAUS. Melatonin in the skin: synthesis, metabolism and functions[J]. Trends in Endocrinology & Metabolism,2007,19(1).

[318] 袁建平, 王江海. 褪黑激素新论 (1) 褪黑激素生理节律与睡眠 [J]. 中国食品学报, 2002, 2(2): 40-47.

[319] 袁建平, 王江海. 褪黑激素新论 (2) 老年人褪黑激素分泌与睡眠障碍 [J]. 中国食品学报, 2002, 2(3): 54-62.

[320] MORTAZAVI S A R, PARHOODEH S, HOSSEINI M A, et al. Blocking short-wavelength component of the visible light emitted by smartphones' screens improves human sleep quality[J]. Journal of Biomedical Physics & Engineering, 2018, 8(4): 375.

[321] HATCH K L, OSTERWALDER U. Garments as solar ultraviolet radiation screening materials[J]. Dermatologic clinics, 2006, 24(1): 85-100.

致 谢

　　至此，书籍的编撰工作终于告一段落，心中思绪万千，却不知从何说起，有心酸不易，也有喜悦兴奋，但更多的，是对大家的衷心感谢。

　　首先，要感谢公众号的各位作者。在整个书籍的编写过程中，涉及诸多知识，种类繁杂，难成体系，但各位作者在学术上的帮助给予了我们强有力的支持。这份支持带给我们莫大的鼓励，也是我们坚持到现在的动力之一。

　　其次，还要感谢化妆品原料商与品牌方等业内同仁们的帮助。这些企业在提升自身科技硬实力的同时，积极将目光投向消费者，和我们一起探索着为"化妆品科普"这个任重而道远的事业努力。他们向我们展示了一群有理想信念的企业的担当。

　　最后，还要感谢的，就是一直陪伴言安堂走到现在的你们。因为有你们的支持，我们所做的事才算是有意义。5年来，我们一起探索如何科学变美，与其说是言安堂影响了你们，不如说是你们成就了言安堂。现在，言安堂将这些年来我们共同探索的累积汇编成册，郑重地交到你们手中，算作是为我们这些年来的故事制作了一份回忆录。当然，言安堂更期待着，在将来，和你们一起续写更美好的篇章。

言安堂